Hyperledger Iroha入門

ブロックチェーンの導入と運営管理

コネクト株式会社 ［監修］

佐藤 栄一 ［著］

Ohmsha

はじめに

　仮想通貨の盛り上がりとともにブロックチェーンにも注目が集まりました。ブロックチェーンは、仮想通貨の取引を改ざん不可能な台帳として記録する重要な役割を担っています。まさに仮想通貨の根幹といえます。これまで、コンピュータシステムにおいて、データの蓄積はデータベースが担ってきました。ブロックチェーンは、データベースでは提供できなかった改ざん不可能な台帳を実現します。

　ブロックチェーンの有用性に着目して、仮想通貨以外の分野で活用する動きが加速しています。さまざまなシチュエーションで、ブロックチェーンを使用した実証実験や導入事例が発表されています。ブロックチェーンは、これからさらに利用が拡大して、システム構築に欠かせない存在になるでしょう。

　汎用的に活用できるブロックチェーンの実用／整備を目指すプロジェクトが Hyperledger プロジェクトです。Hyperledger プロジェクトでは、方向性の異なる複数のプロジェクトが同時進行しています。本書は、Hyperledger プロジェクトの 1 つ Hyperledger Iroha の構築からプログラミングまでを解説します。Hyperledger Iroha は、日本のソラミツ株式会社がオリジナルコードを開発し、The Linux Foundation 主催のオープンソースプロジェクト Hyperledger Project へ寄付し、その後さまざまな企業・個人とともに開発を進めたブロックチェーンプラットフォームで、2019 年 5 月に商用版 v1.0 が公開されました。公式ドキュメントには、英語版以外に日本語版も用意されており、他の Hyperledger プロジェクトよりも利用しやすいといえます。また、メニュー形式でブロックチェーンを操作できる iroha-cli コマンドが用意されており、インストール後すぐにブロックチェーンを体感できます。さらに 4 つのプログラミング言語に対応しており、本格的な利用の際には 4 つの選択肢からプログラミング言語を選択できます。

　ブロックチェーンの仮想通貨以外での利用は、はじまったばかりです。本書を通じて、多くの方々にブロックチェーンに触れていただく機会になれば幸いです。

　2020 年 1 月

佐 藤　栄 一

本書の全体の流れ

　本書は、汎用的に活用できるブロックチェーンとして、Hyperledger Iroha の基本的な環境構築からプログラミングまで幅広い内容を網羅しています。本書で解説している手順によって作成された成果がどのような流れでつながっているかを図で示します。

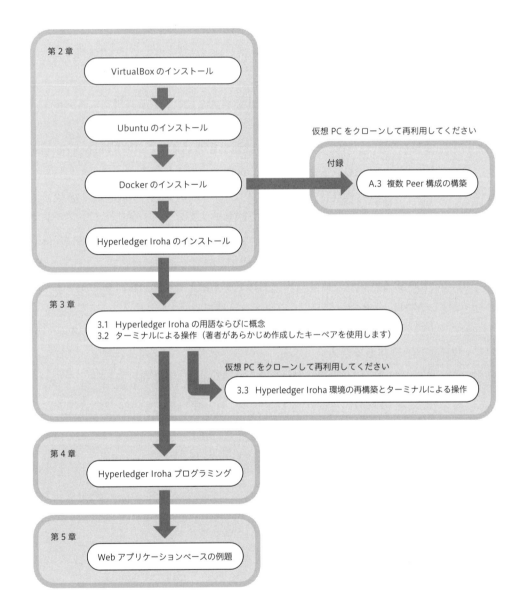

　本書では、VirtualBox による仮想環境を使用します。VirtualBox は、クローン機能によって、仮想環境の複製が可能です。仮想環境のクローンは、バックアップ以外にも別環境構築でベースとし使用することが可能です。本書は、第 3 章および付録で仮想環境のクローンを活用します。

ダウンロードサービスファイル

　本書で解説するサンプルファイルは、オーム社のウェブページからダウンロードできます（https://www.ohmsha.co.jp/）。このサンプルファイル「Iroha_Sample.zip」には、例題ファイルや入力内容を記述したファイルがディレクトリ別に格納されています。なお、ZIP形式の圧縮ファイルなので、展開して利用してください。

■ \（ルート）ディレクトリ

本書の各章で解説するコマンドなどをまとめたテキストファイルです。

- 2support.txt 　　第2章で入力する文字・内容をまとめたテキストファイル
- 3support.txt 　　第3章で入力する文字・内容をまとめたテキストファイル
- 4support.txt 　　第4章で入力する文字・内容をまとめたテキストファイル
- 5support.txt 　　第5章で入力する文字・内容をまとめたテキストファイル
- Asupport.txt 　　付録で入力する文字・内容をまとめたテキストファイル

■ blockstoreディレクトリ

第3章で解説する最初のブロックファイルのサンプルです。

- 0000000000000001 　　　　最初のブロックファイルのサンプル
- 0000000000000001.json 　　0000000000000001ファイルの内容をjson形式に成形したもの

■ example0ディレクトリ

　第4章のpgモジュールの動作を確認するファイルを格納しています。このディレクトリ内のファイルをDockerホストで使われる「~/node_modules/iroha-helpers/example/」ディレクトリにコピーしてください。

- pg.js 　　pgモジュールの動作テスト

■ example1ディレクトリ

　第4章のシンプルな例題で使用するファイルを格納しています。このディレクトリ内のすべてのファイルもDockerホストで使われる「~/node_modules/iroha-helpers/example/」ディレクトリにコピーしてください。

- ed25519_keygen.js 　　キーペア表示
- keycreate.js 　　キーペア作成
- iroha01.js 　　アカウント情報＆残高情報の表示（呼出しファイル）
- iroha11.js 　　アカウント情報＆残高情報の表示（本体ファイル）
- iroha02.js 　　アカウント作成（呼出しファイル）
- iroha12.js 　　アカウント作成（本体ファイル）
- iroha03.js 　　アセット加算処理（呼出しファイル）
- iroha13.js 　　アセット加算処理（本体ファイル）
- iroha04.js 　　アセット転送処理＆アセット加算処理（呼出しファイル）
- iroha14.js 　　アセット転送処理＆アセット加算処理（本体ファイル）
- iroha05.js 　　ブロック内容表示－ブロック位置指定（呼出しファイル）
- iroha15.js 　　ブロック内容表示－ブロック位置指定（本体ファイル）
- iroha06.js 　　ブロック内容表示－アカウント指定（呼出しファイル）
- iroha16.js 　　ブロック内容表示－アカウント指定（本体ファイル）

■ example2ディレクトリ

第5章の例題「コワーキングスペース日本」で使用するファイルを格納しています。このディレクトリ内のすべてのファイルをDockerホストで使われる「~/node_modules/iroha-helpers/example/」ディレクトリにコピーしてください。

- err_kizon.html　　　　既存アカウントエラー画面
- err_message.html　　　汎用エラー画面
- kaiin_input.html　　　新規会員登録画面
- pg_nyuukai.js　　　　会員情報をPostgreSQLに登録
- pg_shiharai.js　　　　支払情報をPostgreSQLに登録（チャージ処理と支払処理で共用）
- topmenu.html　　　　トップメニュー
- web.js Web　　　　　Webアプリケーション本体
- zandata1.html　　　　チャージ画面
- zandata2.html　　　　お支払画面

■ peer0ディレクトリ

付録の「複数Peer構成の構築」で使用します。このディレクトリ内のファイルをDockerホストで使われる「~/iroha/example/」ディレクトリにコピーしてください。

- genesis.block　　　Hyperledger Iroha 複数Peer構成のブロックチェーンの初期値

■ peer1ディレクトリ

付録の「複数Peer構成の構築」で使用します。このディレクトリ内のすべてのファイルをDockerホストで使われる「~/iroha/example1/」ディレクトリにコピーしてください。

- config.docker　　　some-postgres1への接続情報
- genesis.block　　　Hyperledger Iroha 複数Peer構成のブロックチェーンの初期値

■ peer2ディレクトリ

付録の「複数Peer構成の構築」で使用します。このディレクトリ内のすべてのファイルをDockerホストで使われる「~/iroha/example2/」ディレクトリにコピーしてください。

- config.docker　　　some-postgres2への接続情報
- genesis.block　　　Hyperledger Iroha 複数Peer構成のブロックチェーンの初期値

なお、デスクトップにサンプルファイル「Iroha_Sample.zip」を展開した場合、以下の、コマンドにてコピーします。「コピー元ディレクトリ」と「コピー先ディレクトリ」は、それぞれの該当ディレクトリを指定してください。

```
sudo cp ~/デスクトップ/Iroha_Sample/「コピー元ディレクトリ」/* 「コピー先ディレクトリ」
```

ご利用にあたっては、本書の扉裏や該当箇所をよく読まれ、ご理解のうえお願いします。なお、本ファイルの著作権は、本書の著作者にあり、本書をお買い求めいただいた方のみご利用いただけます。

CONTENTS

第1章　Hyperledger Iroha が実現するブロックチェーン　　1

第2章　ブロックチェーン環境構築　　31

第3章 Hyperledger Iroha 操作　　　　61

Hyperledger Iroha が
実現するブロックチェーン

　第1章では、ブロックチェーンの基礎概念および Hyperledger Iroha の特徴を解説します。ブロックチェーンを実現する基礎技術の画期的な点を知ることで、ブロックチェーンの重要性や必要性を把握できます。併せて、本書を読み進める上で必要な知識や情報が得られます。

　本章の後半では、Hyperledger プロジェクトとの関係など Hyperledger Iroha の位置づけについて解説します。さらに他のブロックチェーンプロジェクトとの比較によって、より Hyperledger Iroha の魅力を感じられます。

1.1 ブロックチェーンとは

本書の出発点として、**ブロックチェーン**そのものと、ブロックチェーンを実現するための周辺技術について解説します。ブロックチェーンがどのようなものなのか、これまでの技術と何が違うのか、さらになぜいま脚光を浴びているのかを感じとってください。

1.1.1 ブロックチェーンとニーズ

ブロックチェーンへの強い注目は、**ビットコイン**という仮想通貨の成功から始まりました。そして、他の多くの**仮想通貨**でもブロックチェーンが使用されています。そのため、「仮想通貨＝ブロックチェーン」という認識が広まりました。

しかし、ブロックチェーンが提供している画期的な仕組みは、仮想通貨以外でも活用できることが議論され、一般のシステムでも利用できるように整備する動きが始まりました。その1つが、2015年12月に開始された Hyperledger プロジェクトです。

まず、ブロックチェーンが提供（実現）している機能と何が画期的なのかを、適用事例を含めて解説します。

ビットコインとは

まず、簡単にビットコインについて解説しておきます。ビットコインシステムは、**サトシ・ナカモト氏**（Satoshi Nakamoto：正体不明）によって投稿された論文に基づき2009年に運用が開始されました。Peer to Peer 型のコンピュータネットワーク上で動作します。

ビットコインシステムの**トランザクション**（取引内容）は、中央サーバや単一の管理者を置かずにユーザ間で直接に行われます。また、ネットワークに参加している**ノード**（ビットコインシステムに参加している PC）によって検証され、**各ノードにブロックチェーンと呼ばれる公開分散元帳として記録されます**。

《Memo》

> トランザクションは、各ノードにブロックチェーンと呼ばれる公開分散元帳として記録されます。

Chart 1-1-1 ビットコインとブロックチェーン

　ビットコインシステムの内部では、各種の暗号化技術が使用されています。そのため、ビットコインは、**分散化された仮想通貨**、または**暗号通貨**と称されます。

　所有しているビットコインを貯める（置いておく）仕組みを**ウォレット**といいます。ビットコインのウォレットには、利便性と安全性の異なるソフトウェア／ハードウェア／ウェブ／ペーパーなどがあります。

　ビットコインの概要は、このようなものです。そして同様の仕組みで、さまざまな仮想通貨が運用を開始します。それぞれの仮想通貨は、ほぼ同様にブロックチェーンを基盤として使用しています。

トランザクションに対するニーズ

　これまでのコンピュータシステムでは、分散したユーザ間でトランザクションに対する信頼性を担保するのが課題でした。中央サーバなどの単一の管理システムを使用する方式では、中央サーバなどの単一の管理システムへの特別な権限（管理者権限など）を持っているユーザは、簡単に不正を働くことができます。ブロックチェーンは取引や操作などの情報を複数のコンピュータに記録していき、不正を防ぎます。

　仮想通貨の**トランザクション**は、中央サーバや単一の管理者を置かずにユーザ同士で直接に行われます。これには、ユーザが平等に信頼できる仕組みが必要です。その仕組みの解決を担っているのが、ブロックチェーンです。仮想通貨においてブロックチェーンは、匿名性を保ちながらユーザすべてに対して透明性と信頼性と安全性を担保する仕組みです。

　そこで、仮想通貨からブロックチェーン部分のみを切り出して、さまざまなコンピュータシステムに活用するアイディアが次々と生まれています。

仮想通貨の危険性と誤解

ビットコインをはじめとしてさまざまな仮想通貨が、ブロックチェーンを基盤として運用されています。そのため、一般的には「仮想通貨＝ブロックチェーン」という認識が広がっています。

一方、仮想通貨をめぐっては、**不正アクセス**による流出などが世間を騒がしています。これらの危険性は、ブロックチェーンを含めた仮想通貨が原因ではありません。そのほとんどが、**仮想通貨交換所**のウォレットなど関連システムに対するハッキングによるものです（Chart 1-1-2）。

Chart 1-1-2 有名な仮想通貨流出の問題

発生時期	仮想通貨交換所名	原因として挙げられている内容
2014 年	MT.GOX（マウントゴックス）	ハッキングによる流出
2018 年	Coincheck（コインチェック）	ホットウォレットからの流出
2018 年	Zaif（ザイフ）	ホットウォレットからの流出
2019 年	BITPoint（ビットポイント）	ホットウォレットからの流出

常にネットワークに接続された状態にあるウォレットを**ホットウォレット**と呼びます。ネットワークに接続されているので、すぐに取引が可能です。逆に、常に外部からアクセスが可能な状態なので、ハッキングに弱いといわれています。

ネットワークから切り離した状態で仮想通貨を保管するウォレットを**コールドウォレット**と呼びます。必要に応じてネットワークに接続するため、外部からの不要なアクセスを遮断できます。

結果的に、ほとんどがホットウォレットからの流出となっており、仮想通貨ならびにブロックチェーンそのものが原因となっているものはありません。ブロックチェーンは、当初の目論見どおりに信頼性の高い**分散元帳**として役割を果たしています。安全性が担保されたシステム基盤なのです。

ビットコインのシステム的な特徴

ビットコインをはじめとした仮想通貨には、以下の 3 点の特徴があります。

- 暗号化技術
- Peer to Peer ネットワークと分散システム
- ブロックチェーン

このうち、ブロックチェーンは、現在のところ仮想通貨実現の根幹の技術です。また、仮想通貨のために考案された仕組みです。残りの Peer to Peer ネットワークと暗号化技術については、仮想通貨に限らず広く利用されている基盤技術です。Peer to Peer ネットワークと暗号化技術が基盤となり、ブロックチェーンを実現しています。

暗号化技術は、ブロックチェーンの信頼性を担保しています。ブロックチェーンを**暗号元帳**と呼ぶ場合がありますが、暗号化技術によって「元帳」の信頼性を担保しています。

Peer to Peer ネットワークと分散システムは、ブロックチェーンを分散して運用管理するため

の基盤です。ブロックチェーンを**分散元帳**と呼ぶことがありますが、Peer to Peer ネットワーク
と分散システムが「元帳」を分散させる基本技術です。

❊ 1.1.2 ブロックチェーンが使用している暗号化技術

　ブロックチェーンには、さまざまな暗号化技術が駆使されています。ここでは、ブロックチェー
ンが使用している暗号化技術について解説します。

ハッシュ関数とハッシュ値

　ハッシュ関数は、対象データからそのデータ全体を数値化します。この値を**ハッシュ値**と呼び
ます（Chart 1-1-3）。日本語では、一般に「要約値」と訳されます。対象データが 1 文字でも異
なるとハッシュ関数の計算結果であるハッシュ値も必ず異なる値になります。ハッシュ値を比較
することによって、同じデータか異なるデータかが、すぐにわかります。

Chart 1-1-3　ハッシュ値の例（データの 1 文字の違いでもハッシュ値は大きく変わる）

元のデータ	ハッシュ値例（例：MD5）
ABCDEFGFIJ	e927bba9b56693487d57b64fe0080122
aBCDEFGFIJ	139052eba1b2a7171b06327b0f7d72e5
012345678**9**	781e5e245d69b566979b86e28d23f2c7
012345678**Q**	9568956565832edc70cf3558d36b60fe

　ハッシュ関数内部の計算手順を「ハッシュアルゴリズム」といいます（Chart 1-1-4）。

Chart 1-1-4　代表的なハッシュアルゴリズム

アルゴリズム名	ベース	ハッシュ値（bit）	備考
MD5		128	
SHA-1		160	
SHA-224	SHA-2	224	SHA-256 を 224bit に詰めたもの
SHA-256	SHA-2	256	
SHA-384	SHA-2	384	SHA-512 を 384bit に詰めたもの
SHA-512	SHA-2	512	
SHA-512/224	SHA-2	224	SHA-512 を 224bit に詰めたもの
SHA-512/256	SHA-2	256	SHA-512 を 256bit に詰めたもの
SHA-3		224/256/384/512	可変長（SHAKE128, SHAKE256）もあります

　それぞれのハッシュ関数は、対象のデータ量に関係なく決まった桁数のハッシュ値を出力しま
す。MD5 の場合、128bit のハッシュ値を出力するので、16 進数で表した場合 32 桁となります。
SHA-256 では、64 桁の 16 進数となります。**Hyperledger Iroha は、最新のハッシュアルゴリズ
ム SHA-3 を採用しています**。

〈**Memo**〉

Hyperledger Iroha は、ハッシュアルゴリズム SHA-3 を採用しています。

共通鍵暗号方式と公開鍵暗号方式

　ブロックチェーンでは、**公開鍵暗号方式**を使用して信頼性の担保ならびに**改ざん**の防止をしています。ここでは、公開鍵暗号方式とそれ以前の**共通鍵暗号方式**について解説します。

　公開鍵暗号方式が考案される以前は、1 つの鍵（文字列データ）を使用して**暗号化**と**復号**を行っていました。この方式を共通鍵暗号方式といいます。共通鍵暗号方式では、共通鍵の受け渡し方法を秘密裏に行う必要がありました。共通鍵が、第 3 者に渡ると復号される危険性があります（Chart 1-1-5）。

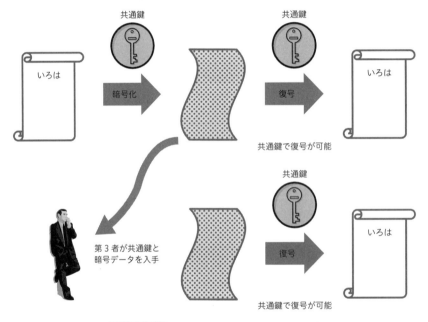

Chart 1-1-5 　共通鍵方式（1 つの鍵で運用）

　一方、公開鍵暗号方式では、関連する 2 つの鍵（キーペア）で運用します。片方で暗号化した場合、もう片方を使ってしか復号できません。よって、キーペアの一方を秘密鍵、もう一方を公開鍵とします。公開鍵だけを、暗号化して送ってほしい相手に渡します（Chart 1-1-6）。

　公開鍵の受け渡しを秘密裏に行う必要はありません。なぜなら、公開鍵で暗号化したデータは、もう一方の秘密鍵のみが復号を行えます。公開鍵では、復号はできません。そのため、公開鍵が第 3 者に渡っても復号される危険性はありません（量子コンピュータ実現時には危険と考えられています）。

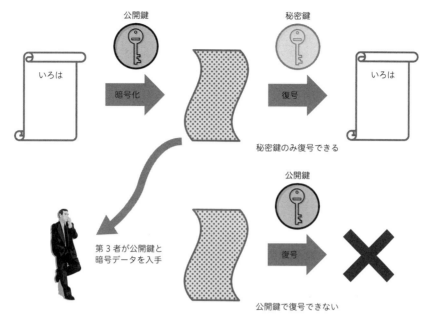

公開鍵   秘密鍵

いろは   いろは

暗号化   復号

秘密鍵のみ復号できる

公開鍵

第3者が公開鍵と
暗号データを入手

復号

公開鍵で復号できない

Chart 1-1-6 公開鍵方式（2つの鍵で運用）

　なお、同様に秘密鍵で暗号化したデータは、公開鍵のみが復号を行えます。この機能は、後に説明する電子署名でも使用します。

　キーペア（秘密鍵、公開鍵）の生成には、多くの**鍵生成アルゴリズム**（算出方式）が存在します。アルゴリズムによって、安全性が異なります（Chart 1-1-7）。

Chart 1-1-7 代表的な鍵生成アルゴリズム

方式名	用途	特徴
RSA	暗号化／署名	データの暗号化および電子署名のスタンダード
DSA	署名	電子署名専用
ECDSA	暗号化／署名	ビットコインやイーサリアムなどで採用
ED25519	暗号化／署名	Hyperledger Iroha で採用

　Hyperledger Iroha は、安全性とパフォーマンスに優れた **ED25519**（エドワーズ曲線デジタル署名アルゴリズム）を採用しています。

電子署名による改ざん有無確認

　電子署名とは、ハッシュ関数および公開鍵と秘密鍵を使用して、ドキュメント（データ）の内容に改ざんがないことを証明するための機能です。電子署名は、Chart 1-1-8 のような流れで、改ざんの有無を検証します。

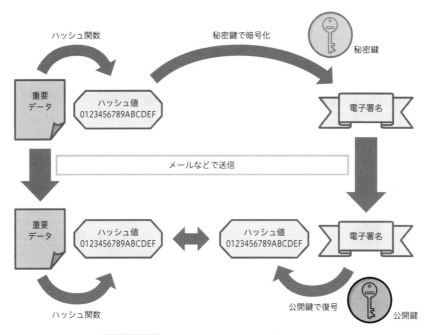

ハッシュ関数　　　　　　　　　　秘密鍵で暗号化　　　　　　　　秘密鍵

重要データ　　ハッシュ値
0123456789ABCDEF　　　　　　　　　電子署名

メールなどで送信

重要データ　　ハッシュ値
0123456789ABCDEF　　ハッシュ値
0123456789ABCDEF　　電子署名

ハッシュ関数　　　　　　　　　　公開鍵で復号　　　　　　公開鍵

Chart 1-1-8　電子署名（デジタル署名）の流れ

　送信側は、「重要データ」のハッシュ値を秘密鍵で暗号化します。この暗号化されたデータが**電子署名**です。送信側は「重要データ」と電子署名を受信側に送ります。

　受信側は、電子署名から公開鍵を使用してハッシュ値を得ます。これを「重要データ」のハッシュ値と比較すれば、改ざんがないことが証明されます。

　公開鍵で復号できるということは、秘密鍵を持っている送信側のみが電子署名を作成した何よりの証拠となります。公開鍵暗号方式を使用した電子署名を厳密にはデジタル署名と呼びます。

1.1.3 ブロックチェーンの仕組み

　いよいよブロックチェーンそのものについて解説します。また、ブロックチェーンを実現するために重要なネットワークについても解説します。

ブロックはトランザクション結果とハッシュ値を保管するファイル

　ブロックチェーンとは、ブロックがチェーンのようにつながる様を表しています。ブロックは、**トランザクション（取引内容）**を記録する単位です。仮想通貨では、取引とは通貨そのものですので厳格性が求められます。

　厳格性を担保するのが、チェーンの仕組みです。前ブロックのハッシュ値と、新規のトランザクション内容などを使って新しいハッシュ値を算出します（Chart 1-1-9）。

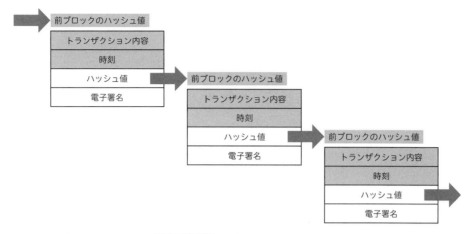

Chart 1-1-9 ブロックとチェーン

それぞれのブロックには電子署名が入りますので、改ざんすることはできません。しかし、悪意のハッカーによりブロック全体が書き換えられてしまうことが考えられますが、それを防止するのがチェーンの仕組みです。各ブロックは、ハッシュ値での関連が保持されています。もし1文字でもブロックが変更されるとそれ以降のブロックすべてのハッシュ値を変更しなければなりません。つまり、ブロックチェーン内の1つのブロックを改ざんしても、すぐにばれます（付録A.1参照）。

さらにブロックチェーン内のブロックは、すべての Peer（ブロックチェーンの機能を提供するコンピュータの1台1台を指す）に分散され、保持されています。もし、ある Peer 上のブロックが改ざんされると、改ざんされていない他の Peer 上のブロックとは異なるハッシュ値になり、すぐに改ざんがみつかります。一般に、Peer は非常に多数が稼働しているため、気づかれないうちにすべての Peer を改ざんすることは不可能といえます。

Hyperledger Irohaのブロック

Hyperledger Iroha は、同じアカウント（作者）のトランザクションを1つのブロックにまとめます。ブロックは、JSON 形式（各種のカッコで階層された Key-Value の組み合わせ）のファイルです（Chart 1-1-10）。

```
{
    "blockV1": {            (各Peerの承認の始まり)
        "payload": {            (ブロックチェーンの始まり)
            "transactions": [            (トランザクションに関する情報の始まり)
                トランザクション①
                    command（実行したコマンドの内容）
                    作成者アカウント情報/作成時刻
                トランザクション②
                    command（実行したコマンドの内容）
                    作成者アカウント情報/作成時刻
                トランザクションn
                    command（実行したコマンドの内容）
                    作成者アカウント情報/作成時刻
                作成者アカウントの公開鍵と電子署名
            ブロック位置/ブロックのハッシュ値/時刻
        Peer①の公開鍵と電子署名
        Peer②の公開鍵と電子署名
        Peer nの公開鍵と電子署名
}
```

Chart 1-1-10 JSON 形式の Hyperledger Iroha のブロック構造

　ブロックには、トランザクションと作成者アカウント情報および作成時刻が記録されます。これらに対して、作成者アカウントで電子署名（サイン）がなされます。ここまでが、トランザクションに関する情報です。

　ブロックのハッシュ値は、前ブロックのハッシュ値と本ブロックのトランザクションの情報を合わせて計算され、記録されます。これによって、ブロック同士がチェーンとして連結されます。

　さらに、各 Peer の承認として、それぞれの Peer の電子署名が記録されます。

1.1.4 Peer to Peer ネットワークと分散システム

　ブロックチェーンは、Peer to Peer ネットワーク上に構築された分散システムで動作します。Peer to Peer ネットワークと分散システムは、同一の意味ではありません。この2つは、異なるレイヤー（階層）の用語です。基本的な概念も含めて、ブロックチェーンが動作するネットワークについて解説します。

Peer to Peer ネットワーク

　Peer to Peer ネットワークとは、ネットワーク上のコンピュータが直接通信を行う方式のネットワークです（Chart 1-1-11）。Peer to Peer ネットワークでは、複数のコンピュータが直接通信を行うのでメッシュ状の通信となります。統制するコンピュータを介さずに直接通信を行うため、高速性／柔軟性／低コストなどのメリットがあります。逆に統制されないため、多数のコンピュータが接続した場合には、通信量やセキュリティの制御は困難です。

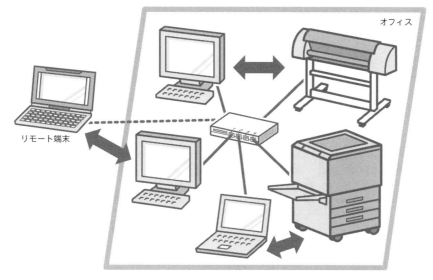

オフィス

リモート端末

Chart 1-1-11 Peer to Peer ネットワーク（ネットワーク上で機器同士が直接通信を行う）

このように **Peer to Peer ネットワークとは、ネットワーク上の端末の通信や関係性を表す言葉
です**。複数の Peer が組織的に処理を行うための制御などは、次に説明する分散システムの範疇
です。

《**Memo**》

Peer to Peer ネットワークは、ネットワーク上の端末の通信や関係性を表す
言葉です。

分散システム

分散システムとは、ネットワーク上の複数のコンピュータに同等の機能を持たせたシステムで
す。複数のコンピュータに機能やデータを分散するため、耐障害性と可用性が向上します。端末
からの処理を窓口として担う機能を持っている場合、ロケーションごとに配置して負荷の分散が
可能になります。分散したコンピュータが処理を担う場合、その代わりに複数のコンピュータを
統制する仕組みが重要となります。

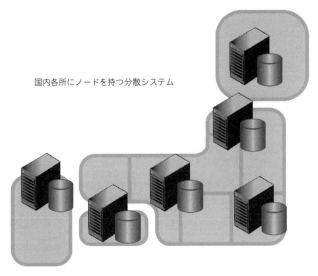

国内各所にノードを持つ分散システム

Chart 1-1-12 日本国内に分散配置された分散システム

Peer to Peer ネットワークでは、1 台のコンピュータを **Peer** と呼びます。Hyperledger Iroha では、Hyperledger Iroha の機能を提供するコンピュータを Peer と呼びます。分散システムも含めて、複数台のコンピュータでシステムを構成する場合、そのうち 1 台を**ノード**と呼びます。そのため、Hyperledger Iroha の Peer は、分散システムのノードと同意義です。

Hyperledger Iroha では、各 Peer がクライアントからのリクエストを受け付けてブロックを作成します。このブロックは、他の Peer から「正しい」と承認されれば、ブロックチェーンに追記されます。また、他の Peer が作成したブロックを検証して、「正しい」ものであればブロックチェーンに追記します。

分散システムでは、「正しさ」の決定方法が、重要なポイントとなります。後に解説する「ビザンチン将軍問題」は、分散システムにおける正当性（正しさ）を判断する仕組みを検討するための例題です。

コンセンサス（合意形成）アルゴリズム

分散システムでは、複数の Peer が存在して処理を行います。ある 1 つの Peer が間違った処理を行ったり、悪意のあるデータが混入したりした場合、何もチェックしなければすべての Peer に伝搬してしまいます。

分散システム全体で信頼性を高めるには、Peer 同士がお互いの処理した内容が正しいか検証（チェック）を行います。ここで、1 つ問題があります。どのようにして正しいかを判断すればいいのでしょうか。全 Peer の判断が一致すれば迷うことはありません。しかし、複数の Peer で検証結果が異なった場合、「どのように判定して合意とするか」を決めておく必要があります。この判定による合意を**コンセンサス**といい、その方式をコンセンサスアルゴリズムといいます。現実社会を例とすると、多数決だけではなく、成立するための参加割合など細かい規定があります。それと同様の取り決めがコンセンサスといえます。

それぞれの仮想通貨やHyperledgerプロジェクトではさまざまなコンセンサスアルゴリズムでさまざまなコンセンサスアルゴリズムで解決します（Chart 1-1-13）。

Chart 1-1-13 ブロックチェーンの代表的なコンセンサスアルゴリズム

名称	採用システム	決定方法
PoW（Proof of Work）	Bitcoin、Ethereum	正解（ハッシュ値とナンス）を最も早く算出したPeerを採用
PoS（Proof of Stake）	Ethereumで検討	資産の保有量に応じて有利な条件でPoWを実施
PBFT（Practical Byzantine Fault Tolerance）	Hyperledger Fabric	検証を行ったPeerの過半数から承認を得る
PoET（Proof of Elapsed Time）	Hyperledger Sawtooth	ランダムな待機時間後に最初の検証結果を採用
YAC（Yet Another Consensus）	Hyperledger Iroha	PBFTより効率的に少ないPeer数で承認を得る

仮想通貨では、**PoW**が主流ですが、業務システムにブロックチェーンを適用するHyperledgerプロジェクトでは、**BFT**（Byzantine Fault Tolerance）方式のコンセンサスが用いられます。BFTとは、検証を行うPeerの過半数から承認を得て合意とする方式です。Hyperledger Irohaは、効率的に少ないPeer数で承認を得る**YAC方式**で決定します。

《Memo》

Hyperledger Irohaのコンセンサスは、効率的でパフォーマンスに優れたYACを採用しています。

ビザンチン将軍問題

ビザンチン将軍問題は、ブロックチェーンを含めた分散システムで信頼性や安全性を説明する際に話題となります。ビザンチン将軍問題を解決しているシステムは、「**Byzantine Fault Tolerance**を備えている」とか「Byzantine Fault Toleranceに対応している」と表現します。Hyperledger Irohaの特徴でも「独自の方法でByzantine Fault Toleranceを実現している」となります。ご参考までにビザンチン将軍問題の概要を解説します。

ビザンチン将軍問題は、1980年に提出された分散システムにおけるコンセンサスを検討するための課題に関する論文です。元々は、ある都市を包囲しているビザンチン帝国（東ローマ帝国）の9人の将軍たちの話です。都市を攻略するには、9人が同時に攻撃する必要があります。そのため、多数決で攻撃か撤退かを決めます。将軍たちは、都市を取り囲んでいるので、伝令（メッセンジャー）を介して投票します。

Chart 1-1-14　ビザンチン将軍問題（1人の裏切り者）

　例えば、4人が攻撃、4人が撤退に投票したとします。9人目が裏切り者の場合、攻撃に投票した4人には「攻撃」、撤退に投票した4人には「撤退」と回答します。すると、攻撃に投票した4人は、攻撃への投票が5人と判断して攻撃します。そして、敗北してしまいます。

　このようにビザンチン将軍問題とは、分散システムで正確で確実にコンセンサスを得るために何をすべきかを議論するための例題なのです。

　Hyperledger Iroha は、ビザンチン将軍問題を独自の Byzantine Fault Tolerance コンセンサスアルゴリズム（**YAC**：Yet Another Consensus）によって解決しています。

1.1.5 ブロックチェーンの適用事例

　ビットコインをはじめとした仮想通貨は、日本国内で購入できるものだけで10種類前後、海外を合わせると1500種類が存在しているといわれます。その大半は、ブロックチェーンを実装しているので、仮想通貨での事例や実績は当たり前です。そこで本書では、仮想通貨以外の用途でブロックチェーンが活用されている事例を紹介します（執筆時点での調査結果）。

事例1：金融

　まずは、仮想通貨に近い金融業界の事例を紹介します。**マイニング**や価格変動のない独自のデジタル貨幣にブロックチェーンを使用するものです（Chart 1-1-15）。

Chart 1-1-15　金融業での事例

企業名	三菱 UFJ フィナンシャル・グループ（MUFG）
利用目的	独自のデジタル通貨の管理
効果	低コストで多様なお金のやりとりをできるサービス プライバシーを守りながら利用者の買い物データも集められる
Webページ	MUFG におけるブロックチェーンの取組み https://www.boj.or.jp/announcements/release_2018/data/rel180214a6.pdf 参考(有償ページの記事)「MUFG コイン」今年後半に実用化へ　三毛社長が語る https://www.asahi.com/articles/ASM4854ZKM48ULFA025.html

ブロックチェーンの真骨頂である口座の機能を活用して、低コストでデジタル通貨を実現しています。この分野は、スマホ決済やポイントサービスなど競争が激しく、ブロックチェーンの活用が拡大する分野です。

事例2：不動産業

不動産業界では、物件に関する契約手続きの煩雑さによって、コストと時間を浪費しています。物件情報から契約手続きまでをブロックチェーンで管理して、効率化とスピードアップを実現しています（Chart 1-1-16）。

Chart 1-1-16 不動産業での事例

企業名	積水ハウス株式会社
利用目的	物件情報と不動産賃貸契約を実行する
効果	物件情報収集から入居契約まで手元のアプリで手続きが可能となる コストや時間を大幅に削減できる
Webページ	積水、世界初のブロックチェーン活用した不動産情報システム構築 https://jp.reuters.com/article/sekisui-house-blockchain-idJPKCN1GL0WD

ブロックチェーンの新たな機能として、スマートコントラクトの実装が進んでいます。口座の管理以外に一連の手続きをブロックチェーンに記録／管理する機能です。契約の締結は、スマートコントラクトが得意とする対象です。

事例3：損害保険

日常生活で「契約書」から思い浮かぶのは、保険ではないでしょうか。1日単位の損害保険など、保険もさらに細分化／多様化しています。契約する機会が増えれば、契約手続きにかかる時間とコストも雪だるま式に増加してしまいます。それらをブロックチェーンで改善しています（Chart 1-1-17）。

Chart 1-1-17 保険契約のスマートコントラクト化

企業名	あいおいニッセイ同和損害保険株式会社 株式会社シーエーシー ソラミツ株式会社（Hyperledger Iroha 活用事例）
利用目的	保険契約の申込、引受審査、再保険取引、事故通知、保険金審査・支払機能の大部分を自動化 システム内だけで流通する独自トークンを活用 保険契約をスマートコントラクトとして取り扱い
効果	ペーパーレスかつ手作業を極力介すことなく取引が完了する手続きモデルの実現 お客さまにはスマートフォンだけで保険への加入／保険金請求をしていただける 保険料の支払いや保険金の受取りも即時で自動的に行っていただくことが可能
Webページ	ブロックチェーン技術を利用したスマートコントラクト保険の実証実験実施について https://www.aioinissaydowa.co.jp/corporate/about/news/pdf/2018/news_2018111500535.pdf

Hyperledger Iroha をベースとした保険契約をスマートコントラクトで改善する実証実験です。

事例4：貿易業務

貿易業務でも取引に関する効率化が求められています。ブロックチェーンがペーパーレスを含めた省力化を実現するものです（Chart 1-1-18）。

Chart 1-1-18　貿易業務での事例

企業名	株式会社三井住友銀行 三井物産株式会社
利用目的	ペーパーレス、リアルタイム、簡易なアクセスによる貿易実務の省力化を実現
効果	売掛債権流動化、ペイメントコミットメント（支払保証）実証実験 2019年度上半期を目標として実地利用を開始する予定
Webページ	ブロックチェーン技術を活用した貿易取引に関する実証実験の完了について https://www.smbc.co.jp/news/pdf/j20190218_02.pdf

この事例では、海外の世界主要銀行15行が参加するプロジェクトとなっており、海外の積極的なブロックチェーン活用に呼応する形です。

事例5：インフラ（電力取引）

インフラの中でも**電力**は流動性が高く変動が多いため、取引の需要が高まっています。これまでも電力取引にブロックチェーンを活用する事例が発表されています。

本事例では、従来の大規模な発電方式から、太陽光パネル、蓄電池、電動車などの分散型電源を対象に、電力の個人間売買システムにブロックチェーンを活用します（Chart 1-1-19）。

Chart 1-1-19　インフラでの事例

企業名	国立大学法人東京大学 トヨタ自動車株式会社 TRENDE株式会社
利用目的	分散型電源を活用した電力の個人間売買システムを検証
効果	需給状況に応じた変動価格で電力を売買することの経済性 プロシューマが発電した電力を他の需要家と直接売買する双方向・自律型の電力供給システムの有効性
Webページ	東京大学、トヨタ、TRENDEが、次世代電力システムの共同実証実験を開始 （TRENDOプレスリリース）http://trende.jp/news/press/007/

2019年に入り、電力取引にブロックチェーンを活用した複数の事例発表がありました。電力自由化と再生可能エネルギー推進により、新たに生まれた電力の取引という仕組みにブロックチェーンが最適解のようです。

事例6：流通業

ブロックチェーンによる信頼性の高い情報管理は、信頼性と安全性の重要性が高まる食品の流通分野でも活用されています。この事例では、中国市場での食品のトレーサビリティーにブロッ

クチェーンを活用しています（Chart 1-1-20）。

Chart 1-1-20 流通業での事例

業種または企業名	ウォルマート、IBM、清華大学
利用目的	トレーサビリティープラットフォーム
効果	豚肉に付けられた追跡コードを読み取ることで、26 時間かかっていた情報の追跡が数秒に短縮されました 食品の安心・安全に関わる問題が生じた場合、すぐにその発生源を追跡することが可能になります 店舗単位やエリア単位でより細かな品質管理を実施することが可能
Web ページ	米小売最大手ウォルマート 食の安心、安全に向けブロックチェーン活用 https://special.nikkeibp.co.jp/atcl/NBO/18/ibm112701/

　この事例は、2016 年後半と古い事例ですが、1 年を経ずに効果が認められ、独自のサービスとして提供されています。

事例7：医療

　ブロックチェーンを医療情報の蓄積に活用した事例です。医療機関ごとに管理されているカルテをブロックチェーンで一元管理する試みです。患者（ユーザ）が権限を付与した医療機関にカルテを開示できるようになります（Chart 1-1-21）。

Chart 1-1-21 医療での事例

団体名	Z.com Cloud ブロックチェーン（GMO インターネット株式会社）
利用目的	医療カルテの共有
効果	患者ユーザ本人が権限を与えた医療機関内で共有閲覧・書き込み可能となる
Web ページ	医療カルテ共有システム https://guide.blockchain.z.com/ja/docs/oss/medical-record/

　例えば、旅先で突然の事故や発病でも、これまでの医療記録によって、注意すべき内容を把握できます。持病のある人でも、特にカルテを持参する必要がなくなり、医師は詳しい医療情報を得られます。

事例8：コンテンツ業

　コンテンツの著作権管理は、その使用料を得るために欠かせない業務です。刻一刻と生み出されるデジタルコンテンツの管理は、膨大な量となります。それらの管理をブロックチェーンで行います（Chart 1-1-22）。

Chart 1-1-22　コンテンツ業での事例

企業名	ソニー株式会社 株式会社ソニー・ミュージックエンタテインメント 株式会社ソニー・グローバルエデュケーション
利用目的	デジタルコンテンツに関わる権利情報を処理する機能
効果	従来証明や登録が困難であった著作物に関わる権利発生の証明を自動的に実現できる 多様なデジタルコンテンツの権利情報処理に応用可能
Web ページ	ブロックチェーン基盤を活用したデジタルコンテンツの権利情報処理システムを開発 https://www.sony.co.jp/SonyInfo/News/Press/201810/18-1015/

　改ざんができないブロックチェーンは、権利情報の登録に最適です。また、ブロックチェーンを支えるハッシュ関数や電子署名は、デジタルコンテンツの保護に最適な技術です。

1.1.6 スマートコントラクト（手軽でスピーディーな契約）

　事例の中に**スマートコントラクト**という言葉がたびたび登場します。スマートコントラクトとは、ブロックチェーン誕生よりも前の 1994 年にデジタル通貨を提唱した暗号学者 Nick Szabo 氏が生み出した言葉です。コントラクト（契約）をスマート（手軽でスピーディ）に行うことを目指しています。

　コントラクトとは、契約書の締結に留まらず、取引全体を対象としています。スマートコントラクトの最も身近なモデルは、自動販売機です。私たちは、何気なく自動販売機で商品を購入しています。①費用を先払いします。②商品をボタンで選びます。③商品やお釣りを受け取ります。①から③までで、取引が完了します。このように明快な操作で短時間に取引を終えることを目指しています（Chart 1-1-23）。

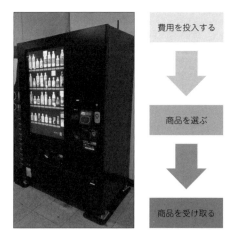

Chart 1-1-23　自動販売機での買い物（スマートコントラクトのイメージ）

　スマートコントラクトは、契約手順を自動化するだけでなく契約内容や締結情報などをブロックチェーンに記録することで、改ざんができない情報として取り扱うことが可能です。また、ブロックチェーンであれば、必要な相手に契約情報を素早く提供することも可能です。契約の有無、

契約上の権利からサービスの提供や費用の発生も瞬時に行うことが可能です。

　執筆時点では、Hyperledger Iroha は、スマートコントラクトの機能が実装されていません。しかし、Hyperledger Iroha は、定義済の命令がメニューで用意されており、これらの命令を組み合わせることで、プログラムを作成しなくてもスマートコントラクトと同様の機能を実現できます。

〈**Advice**〉

> 執筆時点の Hyperledger Iroha には、スマートコントラクトの機能が実装されていないが、定義済の命令を組み合わせることで、スマートコントラクトと同様の機能を実現できます。

1.2 Hyperledger Iroha 概要

　Hyperledger Iroha は、大きな枠組みの中の 1 つのプロジェクトです。Hyperledger Iroha を取り巻く枠組みや他の Hyperledger プロジェクトについて解説します。併せて、Hyperledger プロジェクトとの比較を通じて、Hyperledger Iroha の特徴を理解できます。

1.2.1 Hyperledger プロジェクトの全体像

　Hyperledger Iroha は、単独のオープンソースプロジェクトではありません。The Linux Foundation が中心となり、ブロックチェーンを核とする複数のプロジェクトの 1 つです。このような枠組みは、とても珍しいものです。それだけ、ブロックチェーンが広範囲の用途に応じられる有望な技術であるといえます。

The Linux Foundation

　The Linux Foundation は、2000 年にオープンソースの発展と推進を目的に創設されました。具体的には、資金援助、知的資源、インフラ、サービス、イベント、トレーニングなどを通じ、オープンソースコミュニティへの支援を提供しています。

　The Linux Foundation には、米国、アジア太平洋地域、ヨーロッパ、中東、およびアフリカから 1000 を超える企業がメンバーとして加盟しています。例えば、AT&T、Cisco、富士通、日立製作所、Huawei、IBM、Intel、Microsoft、NEC、Oracle、Qualcomm、Samsung などもメンバー企業です。また、数千の個人サポーターからの寄付金を使用して、助成プログラムや育成プログラムを提供しています（Chart 1-2-1）。

The Linux Foundation は、Linux だけではなく 100 以上のさまざまなプロジェクトを推進しています。Linux はもちろん、Jenkins、Node.js、Kubernetes、gRPC なども The Linux Foundation のプロジェクトです。そして、Hyperledger もそれらのプロジェクトの 1 つです。

Hyperledger プロジェクト

Hyperledger プロジェクトは、2015 年 12 月に開始され、ブロックチェーンが実現する分散元帳を、パフォーマンスと信頼性の多くの面で改善することを目指しています。金融やサプライチェーンだけでなく、幅広い企業や団体のビジネスシーンで活用できることを目指します。

また、さまざまな用途に応じて異なるコンポーネントをサポートする、モジュラーフレームワークの提供を目指します。

Hyperledger プロジェクトは、1 つのプロジェクト（プロダクト）を構築するのではありません。ブロックチェーン技術を核として、方向性の異なる複数のプロジェクトを推進します。本書執筆現在、4 つのプロジェクトが GA（General Availability：一般提供）リリースしています。リリース順に Hyperledger Fabric、Hyperledger Sawtooth、Hyperledger Indy そして、2019 年 5 月に Hyperledger Iroha 1.0 が GA リリースされました。

Hyperledger プロジェクトは、これらの 4 つ以外にもブロックチェーンおよび技術を推進するプロジェクトがあります。

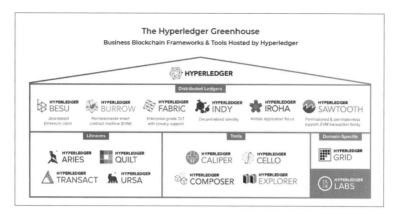

Chart 1-2-2 The Hyperledger Greenhouse（https://www.hyperledger.org/ より）

Hyperledger Iroha より先にリリースされた 3 つのプロジェクトについて紹介します。

〈**Memo**〉

Hyperledger はブロックチェーンを核とした複数のプロジェクトが同時進行しています。

Hyperledger Fabric

Hyperledger Fabric は、Hyperledger プロジェクトで最初（2017 年 7 月）に GA リリースとなりました。元々、IBM 社が Java 言語で開発していたものをオープンソース化しました。今も IBM 社を中心に推進しています。

スマートコントラクトを実装しており、Peer をグループ化するチャネル v などグローバル企業で大規模な利用にも耐えられるブロックチェーンの開発フレームワークを目指しています。

Chart 1-2-3 Hyperledger Fabric の主要なサイト（https://hyperledger-fabric.readthedocs.io/）

Hyperledger Sawtooth

Hyperledger Sawtooth は、2 番目（2018 年 3 月）に GA リリースとなりました。元々、Intel 社が主に Python で開発していたものをオープンソース化したものです。現在も Intel 社が主導するプロジェクトです（Chart 1-2-4）。

スマートコントラクトを実装しており、コンセンサス機能をプラグインとしていて変更することが可能です。デフォルトでは、Peer 数が大きく変動しても、高速性を保つコンセンサスを採用しています。さらに独自にコンセンサスを実装することも可能です。

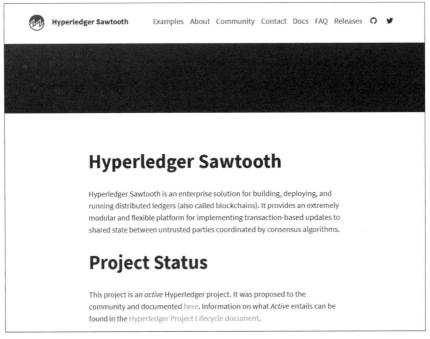

Chart 1-2-4 Hyperledger Sawtooth の主要なサイト（https://sawtooth.hyperledger.org/）

Hyperledger Indy

Hyperledger Indy は、2018 年 3 月に GA リリースとなりました。元々は、Evernym 社が開発したデジタル ID のための分散台帳技術 Indy がベースとなっています。現在は、Sovrin Foundation が主導するプロジェクトです（Chart 1-2-5）。

Hyperledger Indy は、ブロックチェーンによるデジタル ID の認証管理を実現しています。ブロックチェーンには、デジタル ID、キー、トランザクション情報、実データへのリンクなどを格納します。

1.2.2 オープンソースの利点

　Hyperledger プロジェクトは、**オープンソース**を推進する The Linux Foundation のプロジェクトです。そのため、すべての Hyperledger プロジェクトは、オープンソースとしてソースコードが公開されています。

　商用ソフトウェア（プロプライエタリソフトウェア）と比較して、オープンソースはコストメリットだけで捉えられてしまうことが多いのですが、オープンソースにはコストよりも大きなメリットがあります。透明性／メンテナンス／高品質／継続性です。これらの特徴について解説します。

〈Advice〉

> Hyperledger Iroha を含めて Hyperledger はオープンソースです。

動作の透明性

　ソースコードが参照できることで、処理の内容や順序などがわかります。また、どのような条件で処理が変化するかもわかります。機能に対してどのような処理が行われるかなど、実施されている機能ごとにソースコードを見れば一目瞭然です。

　また、運用時に出力されたメッセージが、どのソースコードからどのような条件で出力される

かもわかります。商用プロダクトはブラックボックスに例えられるように、ユーザが内部を見ることはできません。

メンテナンスの容易さ

オープンソースを使用しているユーザは、透明性によってバグや問題点を発見することがあります。これをレポートするだけでもコミュニティへの貢献となります。発見されたバグや問題点はレポートすることで修正され、よりよいプロダクトとなります。

また、バグや問題点が公開情報となるので、ユーザが共有できます。他のユーザで発生している問題を知ることで、同様の問題に遭遇しても解決を早めることも可能です。

このように、利用しているユーザが多ければ、より早くバグや問題点が発見され改修されます。

高品質

商用プロダクトでは、ソースコードが開示されることはほぼありません。オープンソースでは、その名のとおりソースコードを参照することが可能です。そのため、どのような内容であるかを誰でも見ることができます。

実際に多くの人間がソースコードを見ることで、さまざまな指摘も行われ、品質向上が図られます。

継続性

商用プロダクトでは、その製品を提供しているベンダがその商用プロダクトを止めてしまった場合、使用を継続することができません。また、新しい製品やバージョンを販売するために恣意的にバージョンを変更して、古いバージョンや古い製品の使用を禁止する場合もあります。そのような場合、商用プロダクトでは、ベンダの意向に従うしかありません。オープンソースでは、そのような制約はありません。自己責任の範疇で使用バージョンを決定することが可能です。あえて古いバージョンを使い続けるのも自己責任の範疇となります。

オープンソースでは、万が一メンテナンスが止まったり、プロジェクトが解散したりしてもソースを入手して自分たちでメンテナンスを継続することも可能です。もちろん、他の誰かがメンテナンスを継続するかもしれません。

また、オープンソースであれば、システムを構築された人以外にメンテナンスを依頼することも可能なので安心です。

❖ 1.2.3 Hyperledger Iroha をおすすめする理由

Hyperledger Iroha は、Hyperledger プロジェクトの 4 番目として、2019 年 5 月に GA リリースとなりました。Hyperledger Iroha は、次世代のパーミッション型ブロックチェーンプラットフォームです。

ソラミツ株式会社は、Hyperledger Iroha の初期開発者として継続的に開発に貢献するととも

に Hyperledger Iroha の商用化サポートおよびテクニカルサポートを提供しています。

Hyperledger Iroha の特徴

Hyperledger Iroha の公式ドキュメントでは、次に示すように6つの特徴を挙げています。まず、これらの点について、補足解説します。さらに特徴を付け加えて解説します。

- 簡単な導入とメンテナンス
- 開発者向けのさまざまなライブラリ
- 役割に基づいたアクセス制限
- コマンドとクエリの分離によって行われるモジュール型設計
- 資産とアイデンティティ管理
- 品質モデルでは以下の点に重点を置いています：
    - 信頼性（耐障害性、回復性）
    - パフォーマンス効率（とりわけ時間挙動とリソースの使用効率）
    - ユーザビリティ（学習可能性、ユーザエラー保護、妥当性の評価可能性）

導入の容易さ（Hyperledger Iroha の特徴から）

Hyperledger Iroha の導入そのものは、非常に簡単です。テスト環境であれば、数十分以内で終わります。それほど容易にブロックチェーン環境が手元に構築できます。本書の第2章では Hyperledger Iroha の導入を解説します。

4言語を選べるAPIライブラリ（Hyperledger Iroha の特徴から）

Hyperledger Iroha は、4種類のプログラミング言語（Java/Python/Swift/JavaScript）に対して **API**（Application Programming Interface：プログラミング言語から機能を呼び出す仕組み）を用意しています。開発者は、ニーズに合わせて、選択することが可能です。API は統一されており、どのプログラミング言語からでも同様の操作が可能です。本書の第4章と第5章では、**JavaScript**（**Node.js**）から Hyperledger Iroha を呼び出すコードを解説します。

権限機構の実装（Hyperledger Iroha の特徴から）

仮想通貨では、権限の概念が希薄です。アクセス可能なユーザは、すべての資源にアクセスが可能な状況です。Hyperledger Iroha は、さまざまな用途で利用することを想定して、汎用的で柔軟な権限機構が備わっています。権限が及ぶ範囲として「**ドメイン**」という概念を持っています。また、豊富な権限を1つに集約する仕組みとして「**ロール**」があります。本書の第3章では、権限機構について解説します。

CommandとQuery（Hyperledger Iroha の特徴から）

Hyperledger Iroha は、API（操作）を **Command** と **Query** の2つに分けています。

Command は、Hyperledger Iroha に対して変化をもたらします。**アセット**の加算／転送／減

算などの取引、**Peer ／ドメイン／アカウント／アセット**の作成、権限の付与や削除などを実施します。Command の実行結果は、**トランザクション**としてブロックチェーンに記録されます。

　Query は、Hyperledger Iroha に対して変化をもたらしません。アセットの残高、アカウント／アセット／ロールなどの情報を表示するものです。Query の実行結果は、ブロックチェーンには記録されません。

複数のアセット（Hyperledger Irohaの特徴から）

　通常、仮想通貨は単一の仮想通貨のみを取り扱います。Hyperledger Iroha は、複数の通貨を扱うことができます。現実社会の国別の通貨を Hyperledger Iroha で再現することも可能です。また、通貨でなくても数量であれば、取り込むことが可能です。本書の第 5 章では、複数のアセットを活用した Web アプリケーションのプログラミング例を解説します。

メニューによる操作（Hyperledger Irohaの特徴から）

　Hyperledger Iroha は、プログラムを作成しなくてもメニュー形式で操作を行える **iroha-cli** コマンドを提供しています。iroha-cli コマンドは、Hyperledger Iroha の豊富な機能をメニューから対話形式で操作できます。本書の第 3 章では、iroha-cli コマンドによる操作方法を解説します。

少ないリソースでの高速動作（Hyperledger Irohaの特徴から）

　Hyperledger Iroha は、これらの機能を実装していますが、少ないリソースで動作することが可能です。Docker コンテナを使用して、1 台の PC 上で構築することが可能です。本章の解説では、VirtualBox の仮想 PC を使用するため、Windows 10 Home 上でも Hyperledger Iroha を構築することが可能です。

ドキュメントの整備

　Hyperledger Iroha は、多くの言語でドキュメントが用意されています。このように各種の言語でドキュメントが用意されているのは、オープンソースプロジェクトでは珍しいほうで、好感が持てます。

Chart 1-2-6 Hyperledger Iroha のドキュメント（https://github.com/hyperledger/iroha）

　また、他の Hyperledger プロジェクトに比較しても、日本語ドキュメントが充実しています。Hyperledger Iroha は、日本由来のブロックチェーンプロジェクトです。そのため、執筆時点では、日本語の翻訳率（ベースは英語です）が最も高いといえます。

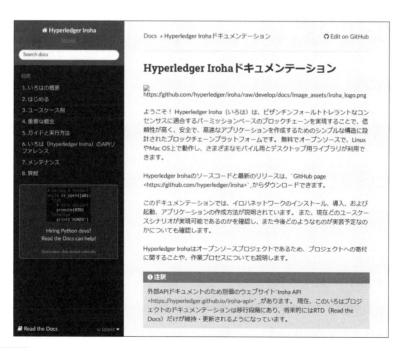

Chart 1-2-7 日本語ドキュメント（https://iroha.readthedocs.io/ja/latest/?badge=latest）

仮想通貨との違い

　ビットコインとイーサリウムなどの仮想通貨は、単一のアクセス資格で運用します。Hyperledger Iroha は、対象や操作に応じた詳細な権限を設定可能です。詳細な権限を1つにまとめる**ロール**によって集約して、役割として運用することが可能です。

　また一般的に仮想通貨は、単一の通貨を取り扱います。Hyperledger Iroha は、必要に応じて複数のアセットを取り扱えます。通貨に限らず、材料や資源など目的に応じてアセットを定義して運用することが可能です。

他のHyperledgerとの違い

　Hyperledger Iroha は、Hyperledger のなかでも、もっとも容易で短時間にブロックチェーンによる分散元帳を実現できます。特に対話形式のインターフェイスによって、メニュー形式でほぼすべての操作が可能です。プログラミングを必要としないので、理解のコストと時間を抑えることが可能です。

1.2.4 既存のデータベースシステムの比較

　データを扱うなら既存のデータベースシステムでも十分と考える人も多いと思います。しかし、既存のデータベースでは実現できない機能をブロックチェーンが提供しています。ブロックチェーンと既存のデータベースを比較して、どの機能が既存のデータベースシステムに備わっていないかを解説します。既存のデータベースシステムの代表的格である **RDBMS**（リレーショナルデータベースマネージメントシステム）と比較します。

Hyperledger Irohaと既存のデータベースシステムの比較

　既存のデータベースには、Chart 1-2-8 のような機能が搭載されています。既存のデータベースシステムのこれらの機能について、以降では Hyperledger Iroha と比較していきます。

Chart 1-2-8　既存のデータベースシステムが持っている機能

機能	内容
リレーショナルデータベース	シンプルな表同士を結合して複雑なデータベースを構築
ユーザ認証	ユーザ ID とパスワードによるユーザ認証
権限機構	ユーザ ID ごとにデータベースに対して実行可能な操作を制限
ロギング／監査ログ	ユーザ ID ごとにデータベースに行った操作内容を記録
レプリケーション／クラスタリング	データベースを他のサーバにコピーする機能

リレーショナルデータベース

　リレーショナルデータベースは、表形式にデータを整理して、表同士を結合して複雑なデータ構造を構築することが可能です。また、大量のデータを高速に処理することにも重点が置かれて

います。半世紀近くの時間をかけて、現在の優れたデータ処理機能を実現しています。

　ブロックチェーンは、リレーショナルデータベースとは根本的に異なる要望から発生していま
す。取引や操作などを順次記録することを役割としています。正しく処理されているかどうか
も複数の Peer で常に検証／承認する機能も備わっています。改ざんや不正を行うことが困難で、
それらを行った場合も検出できる信頼性を、根本的な機能として実装しています。

　リレーショナルデータベースだけではなく、既存のデータベースシステムは、銀行のような組
織が運用していることで信頼性を担保しているといわれています。ブロックチェーンは、ブロッ
クチェーンそのものが信頼性を担保することを目指しています。この点が、これからの電子取引
の基盤として注目されている理由なのです。

ユーザ認証

　Hyperledger Iroha の**ユーザ認証**は、公開鍵と秘密鍵のキーペアによって認証します。
Hyperledger Iroha は、キーペアの作成に **ED25519** を採用しており、64 桁の 16 進数となります。
これを解くことは、事実上不可能です。

　そのため、既存のデータベースシステムが、一般的に採用しているパスワードによる認証より
も格段に高い安全性を有します。

権限機構

　Hyperledger Iroha の権限機構は、アカウント別の細かい操作の許可を与えます。ドメインに
よる 2 階層の管理やロールによる集約も可能です。

　既存のデータベースシステムは、ユーザ ID ごとにテーブルに対する権限を設定できます。そ
の点では、Hyperledger Iroha は、既存のデータベースシステムと同様の権限機構を備えています。

ロギング／監査ログ

　Hyperledger Iroha は、ブロックチェーンによって、すべてのトランザクションを記録してい
ます。ブロックチェーンに記録されたものを、チェーンを遡って改ざんすることはできません。
取引や契約など改ざんを嫌う対象には最適です。

　一方、既存のデータベースシステムにもさまざまなロギング機能が備わっています。これらは、
ログ（記録）でしかありません。処理正当性や改ざん防止を保証する機能は備わっていません。
改ざん防止などでは、Hyperledger Iroha が大きな安全性を持っているといえます。

レプリケーション／クラスタリング

　Hyperledger Iroha は、ブロックチェーンの機能によって、自動的に各 Peer にブロックチェー
ンが保管されます。そのため、一部の Peer が消滅したり改ざんを受けたりしても、他の Peer が
保管するブロックチェーンによって、機能は存続します。

　既存のデータベースシステムにも**レプリケーション**などの複製機能が備わっています。これら

の機能は、システムごとに管理者が構成しなければなりません。目的も障害発生時の範囲や時間を最小限に留めることです。ブロックチェーンのように自動的かつ根本的に高信頼性（処理内容の正しさを保証する）を発揮するものではありません。

ブロックチェーン環境構築

　第2章では、Hyperledger Iroha の構築を行います。Hyperledger Iroha を手っ取り早く理解するには、手元に使用できる環境を整えて実行するのが一番です。百聞は一見に如かずです。

　本書では Windows 上の VirtualBox 内の Ubuntu を OS とし、一般的なコンテナ型の仮想環境である Docker 上に構築します。Docker 上に構築することでシンプルかつコンパクトな内容とします。

　なお、ダウンロードサイト URL やダウンロード画面は執筆時点のものです。Ubuntu のインストールの詳細は、付録に掲載しました。必要に応じてご参照ください。また、Windows で使われている「フォルダ」という名称は、本書では Linux などに合わせ、「ディレクトリ」と呼びます。

　丁寧に解説しますので、VirtualBox や Ubuntu、Docker の使用経験が少ない人でも安心してトライしてください。

2.1 Hyperledger Irohaで構築するブロックチェーン環境の概要

本書では、汎用性と再現性を重視して、Linux に Docker を導入して Hyperledger Iroha 環境を構築します。Docker では、プロセス（サービス）単位でコンテナ（実行環境）を1つずつ作成するため、Hyperledger Iroha がどのように構成されているかが明快です（といっても、本書でのコンテナは2つですが）。まずは、構築する環境の構成や役割などの概要を説明します。

2.1.1 本書が構築する環境の全体像

本書では、Windows 10 Home でも可能な環境で構築を行います。本書で使用するブロックチェーン環境は、Chart 2-1-1 のような構成となります。

仮想 PC	コンテナ	Hyperledger Iroha	データベース（PostgreSQL）
	仮想環境	Docker	
	OS	Ubuntu（Linux）	
	ハードウェア		
仮想環境	VirtualBox		
OS	Windows 10 Home（64 ビット、RAM 16G バイト）		
ハードウェア			

Chart 2-1-1 本書の環境の全体像

複雑な構成に感じなくもないですが、Windows 10 Home で Hyperledger Iroha を使用してブロックチェーン環境を構築するには最も近道といえます。

使用できる Ubuntu がインストール済であれば、Docker のインストールからの実施でもかまいません。

- VirtualBox 環境
  本書では、仮想環境 **VirtualBox** を導入して Ubuntu 環境を実現します。Windows 10 Home でも Pro でも以下の解説に変わりはありません。
- Ubuntu 環境
  Docker のベース環境は、Linux ディストリビューションの **Ubuntu** を使用します。Ubuntu は、「誰にでも使いやすい最新かつ安定した OS」を目指しており、Docker の導入が容易で安定性が高く最適です。
- Docker 環境
  Hyperledger Irohaは、1つのノード（単体のノード）でもHyperledger Irohaとデータベースの複数サービスを組み合わせる必要があります。複数のサービスを容易に構築するためにコンテナ型仮想化環境 Docker を使用します。

- Windows 10 Home で VirtualBox を使用する意味
  通常、Windows 10 にて Docker を使用する場合には、Hyper-V が有効でなければなりません。Hyper-V は、Windows 10 Home にはない機能です。すでに Windows 10 Home が導入されている PC では、Pro 版へのアップグレードにはコストと手間がかかります。
  そこで、Windows 10 Home に VirtualBox を導入して、Ubuntu を動作させれば容易に Hyperledger Iroha 環境を構築できます。

❖ 2.1.2 VirtualBox 環境の概要

これまで複数のサーバを必要とする場合、サーバごとにハードウェアを用意してそれぞれに OS を導入していました。サーバ台数が増えるごとにコスト／スペース／手間を要します。それを解決する技術として、1 つのハードウェア上に仮想の環境を構築する技術が生まれました。**仮想化技術**は、大きく分類すると**ハイパーバイザ型**と**コンテナ型**に分かれます。それらの違いとコンテナ型の Docker を使用するメリットを解説します。

VirtualBox（ハイパーバイザ型仮想環境）

仮想化技術の進歩によって、1 つのハードウェアに仮想の PC 環境を構築することが容易になりました。ハードウェアを含めた完全なサーバ環境を仮想化します。これをハイパーバイザ型といいます。ハイパーバイザ型の仮想環境には、仮想化されたハードウェアを含んでおり、完全に独立した PC を仮想環境としていくつも構築できます。

仮想 PC	Ubuntu（Linux）
	ハードウェア
仮想環境	VirtualBox
OS	Windows 10 Home
ハードウェア	

Chart 2-1-2 VirtualBox 環境の概要

本書では、Windows 10 Home に VirtualBox をインストールして、Ubuntu をインストールした仮想 PC を使用します。

Docker（コンテナ型仮想環境）

Docker は、OS を共通に使う仮想化環境で、省資源と効率化を実現する仮想化技術です。

ベースとなる Linux OS をホスト（**Docker ホスト**）と呼びます。また、仮想化した個別の環境を**コンテナ**または **Docker コンテナ**と呼びます。

コンテナ	Hyperledger Iroha	データベース（PostgreSQL）
仮想環境	Docker	
OS	Ubuntu（Linux）	
ハードウェア		

Chart 2-1-3 Docker 環境の概要

本書では、**Docker ホストに 2 つのコンテナを作成します**。1 つは、Hyperledger Iroha プロセスが稼働します。もう 1 つは、PostgreSQL データベースが稼働します（Chart 2-1-4）。

《**Memo**》

> Hyperledger Iroha を利用するには、Docker ホストに 2 つのコンテナを作成します。Docker コンテナの 1 つを Hyperledger Iroha のコンテナとし、もう 1 つを PostgreSQL のコンテナとします。

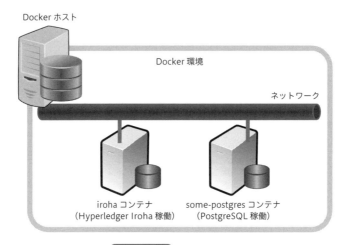

Chart 2-1-4 環境の概要

Docker環境のイメージ

Hyperledger Iroha の 1 ノードには、Hyperledger Iroha とデータベース（PostgreSQL）が必要となります。Docker では、コンテナ 1 つが消費する資源（CPU ／メモリ）が少ないため、それぞれを 1 つずつコンテナに実装します。

コンテナ同士は、Docker 内部の同一ネットワークで接続するため、シームレスに接続することができます。Docker ホストからコンテナに接続するためには**通信 Port** を利用しますが、直接割り付けることが可能です。

さらにファイルをホスト OS 上の Docker 外の領域（ドライブ・ディレクトリ）に保存することも可能です。

2.2 Hyperledger Iroha によるブロックチェーン構築

　以下に、Hyperledger Iroha によるブロックチェーン構築手順を、4 つのパートに分けて解説します。

① VirtualBox の準備
② Ubuntu の準備
③ Docker のインストール
④ Docker コンテナの作成（Hyperledger Iroha のインストール）

　①〜②は、GUI によるウィザード形式なので、気軽にトライしてください。③〜④は、コマンドラインですので、出力メッセージも含めて詳しく解説します。

《Advice》

> 筆者は公式ドキュメントを参考に、若干の調整を行いインストールをしました。

2.2.1 ① VirtualBox の準備

　まず、Ubuntu をインストールするための仮想 PC を作成するために VirtualBox を導入します。
　筆者は Windows 向けの VirtualBox のインストールファイルを、**オラクル・コーポレーション**（US サイト）から入手しました。以下の URL よりダウンロードします。URL は変更になる場合があります。

`URL` https://www.oracle.com/virtualization/technologies/vm/downloads/virtualbox-downloads.html

《Advice》

> VirtualBox のダウンロードページの URL は変更になる場合があります。該当しない場合は検索して探してください。

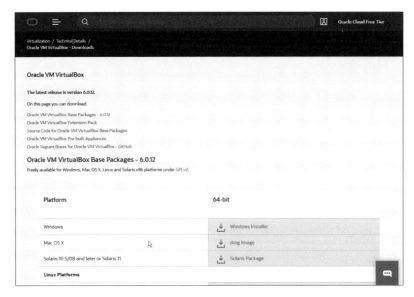

Chart 2-2-1 VirtualBox ダウンロードページ

ダウンロードページの［Windows Installer］をクリックすると、ファイルのダウンロードが始まります。

ファイル名 VirtualBox-6.1.0-135406-Win.exe

> 《**Advice**》
>
> 執筆時点の VirtualBox のバージョンは 6.1.0 でした。インストール時点での最新バージョンを利用してください。

ダウンロードした VirtualBox インストールファイルは、ウィザード形式のインストーラです。VirtualBox インストールファイルを実行して、インストールを完了してください。

2.2.2 ② Ubuntu の準備

VirtualBox を使用して、Ubuntu 仮想 PC を構築します。仮想 PC は、失敗しても容易に消去してやり直すことが可能です。仮想 PC は、クローン（複写）も簡単ですから、1 度作成してしまえばいくつもの Ubuntu 環境を用意できます。さらに仮想 PC からホスト OS へのファイルエクスポートも可能です。Linux 初体験の人も気軽にトライしてください。

Ubuntu インストールイメージのダウンロード

筆者は Ubuntu のインストールイメージを、Canonical Ltd. サイトから入手しました。URL は変更になる場合があります。

URL https://jp.ubuntu.com/download

Ubuntu ダウンロードページを下方向にスクロールすると［Ubuntu Desktop 18.04.3 LTS］の説明があります。その下の「ダウンロード」をクリックすると Ubuntu のインストールイメージのダウンロードが始まります。

ファイル名 ubuntu-18.04.3-desktop-amd64.iso

〈**Advice**〉

執筆時点のバージョンは 18.04.3 でした。最新の LTS（Long Term Supports）がよいでしょう。

Chart 2-2-2 Ubuntu ダウンロードページ（下部にスクロール済)

ダウンロードしたファイルは、インストールディスクを作成（DVD に焼き込む）するためのイメージファイルです。しかし、VirtualBox では、DVD を作成しなくても、ダウンロードしたインストールイメージファイルのまま起動できるため、DVD の作成は不要です。

Ubuntu仮想PCの作成

まずは、Ubuntu をインストールするための**仮想 PC** の作成を行います。VirtualBox を起動して［新規（N)］アイコンをクリックします。仮想 PC を作成するのに必要な情報を入力します。

- 最初に仮想 PC の名前を入力します。任意のものでかまいません。
- メモリと CPU は、設定可能な上限値（例：CPU4 個、メモリ 8192GB 以上）にするとよいです。
- ネットワーク１を有効にして、［ブリッジアダプター］を選択してください。
- 仮想ハードディスクは、あらかじめ少しは余裕を持った容量（15GB 以上）としてください。

〈**Advice**〉

Windows OS をアップグレードした直後の場合、インストール時に「ブリッジ
アダプター」が許可されない場合があります。最新のVirtualBoxにアップグレー
ドすることで解消できるはずです。

〈Chart 2-2-3〉　VirtualBox の仮想 PC 作成画面

　仮想 PC を作成するためのウィザードが終了すると、左側に作成した仮想 PC が表示されます。
これをクリックすると、仮想 PC の設定内容が右側に表示されます。仮想 PC の設定に問題があ
れば、後に説明する「設定（S）」でも修正／変更できます（Chart 2-2-4）。

〈Chart 2-2-4〉　Ubuntu（仮想 PC）作成後の画面

仮想PCが作成されたら、Ubuntuのインストールイメージファイルを起動メディアとして設定します。［設定（S）］アイコンをクリックします。ストレージのメディア（DVDアイコン）をクリックして、ダウンロードしたUbuntuのイメージファイル名を指定します。

Chart 2-2-5 メディアにUbuntuインストールイメージをセット

Ubuntuのインストール

VirtualBoxの「起動（T）」アイコンをクリックして、仮想PCを起動します。初回のみUbuntuのインストールイメージから起動され、インストールが開始されます（Chart 2-2-6）。

Chart 2-2-6 Ubuntu（仮想PC）起動後の画面

Ubuntuのインストールに必要な情報を順次入力すると、インストールが完了します。
Ubuntuの詳しいインストールの流れは、付録に記載します。

本書では必ずしも「Guest Additions」をインストールする必要はありません。マウスカーソルをシームレスに移動するなど、便利な機能が必要でしたら、「Guest Additions」をインストールしてください。

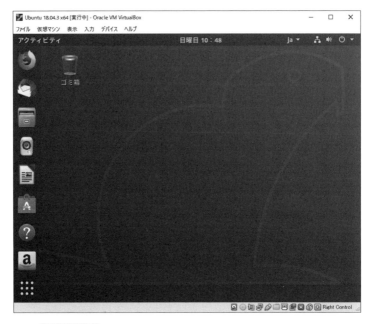

Chart 2-2-7　Ubuntu（仮想PC）インストール終了後の画面

✤ 2.2.3 ③ Docker のインストール

Docker のインストールは、Ubuntu のコマンドで行います。他のソフトウェアのアップデートが進行している場合にはエラーとなりますので、アップデート終了後、再起動してから実行してください。

また、Ubuntu の「ターミナル」で操作をします。

〈Advice〉

本書では「ターミナル」という名称を使っていますが、日本語環境の Ubuntu では「端末」と表記されます。ターミナルに表示されるログなどのディテールは、異なる場合があります。

Dockerインストールで入力するコマンド

Docker インストールで使用するコマンドを先にまとめておくと、以下の5つになります。①～③は、インストールスクリプトを入手するための準備になります。④が Docker インストール処理となります。

① `sudo apt install curl`
  curl コマンドのインストールです。セッションごとの最初のコマンド実行時や長時間使用していない場合は、パスワードの入力を要求されます。
② `sudo curl -fsSL get.docker.com -o get-docker.sh`
  インストールスクリプト get-docker.sh のダウンロードです。
③ `ls`
  ls コマンドにて、get-docker.sh ファイルの存在を確認します。
④ `sudo sh get-docker.sh`
  インストールスクリプトの実行です。
⑤ `sudo docker -v`
  インストールした Docker のバージョン確認です。

「sudo」というのは、そのコマンドの実行の際の権限を、スーパーユーザ、つまり管理者とするものです。ターミナル内で、最初に sudo を使う際には、パスワードを尋ねられる場合があります。sudo docker、sudo node などと、コマンドの前に付けます。

Docker インストール時のコマンドと出力メッセージ

　Ubuntu を起動して、ターミナルを表示します。ターミナルで①〜⑤を順次実行します。①は、メッセージ出力も多く、数分かかることもあります。下線の部分が入力したコマンドなどです。ここではプロンプトは省略してあります。

Terminal 2-2-1　Docker インストールとバージョン確認

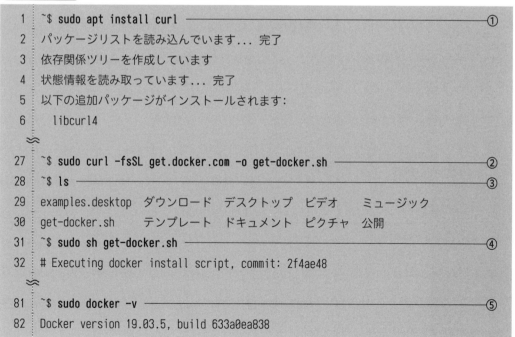

```
 1  ~$ sudo apt install curl ──────────────────────────────────── ①
 2  パッケージリストを読み込んでいます... 完了
 3  依存関係ツリーを作成しています
 4  状態情報を読み取っています... 完了
 5  以下の追加パッケージがインストールされます:
 6    libcurl4

27  ~$ sudo curl -fsSL get.docker.com -o get-docker.sh ──────────── ②
28  ~$ ls ───────────────────────────────────────────────────────── ③
29  examples.desktop  ダウンロード  デスクトップ  ビデオ    ミュージック
30  get-docker.sh     テンプレート  ドキュメント  ピクチャ  公開
31  ~$ sudo sh get-docker.sh ─────────────────────────────────────── ④
32  # Executing docker install script, commit: 2f4ae48

81  ~$ sudo docker -v ────────────────────────────────────────────── ⑤
82  Docker version 19.03.5, build 633a0ea838
```

　⑤のバージョン確認で、19.03.5（執筆時）などが表示されれば、Docker のインストールは終了

です。インストールスクリプト get-docker.sh は、自動的に最新バージョンをインストールします。

2.2.4 ④ Docker コンテナの作成

Hyperledger Iroha の 1 ノードに相当する Docker コンテナを 2 つ作成します。

1 つは、PostgreSQL データベースを実行するコンテナです。PostgreSQL データベースには、ブロックチェーン以外の Hyperledger Iroha の情報である **World State View** を格納します。例えば、ユーザ ID や権限情報などです。

もう 1 つは、Hyperledger Iroha プロセスを実行するコンテナです。ブロックチェーンは、こちらのコンテナ内に格納されます。

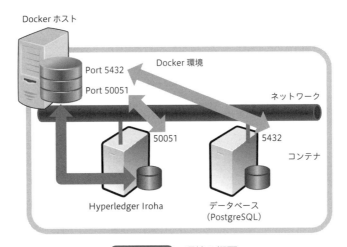

Chart 2-2-8 環境の概要

各コンテナのサービス内容（役割）によって、設定も異なります。Hyperledger Iroha の 1 ノード（1 つの Hyperledger Iroha を 1 ノードといいます）を構成するコンテナの設定項目について説明します。さらに設定に使用するコマンドを説明します。コマンドの説明後、実際にコマンドを実行して構築します。

Chart 2-2-9 各 Docker コンテナの概要

コンテナ名	some-postgres	iroha
ネットワーク	iroha-network	
イメージ	postgres:9.5	hyperledger/iroha:develop
Port 割当	5432:5432	50051:50051
ホストマウント	－	$(pwd)/iroha/example:/opt/iroha_data blockstore:/tmp/block_store
ログイン	－	/bin/bash
その他オプション	POSTGRES_USER=postgres POSTGRES_PASSWORD=mysecret password	－

各コンテナを識別するコンテナ名（「some-postgres」と「iroha」）

コンテナそれぞれは、コンテナ名で識別します。

本書では、コンテナ名「some-postgres」のほうで PostgreSQL 機能をサービスします。そして、コンテナ名「iroha」のほうで Hyperledger Iroha 機能をサービスします。

それぞれ本書では、「**some-postgres コンテナ**」や「**iroha コンテナ**」と呼びます。

Dockerイメージ

コンテナを作成するためのプログラム、データや設定の塊を Docker イメージと呼びます。Docker サイトでは、サービス内容が異なるさまざまなイメージを公開しています。同じイメージでもバージョンや用途の異なるイメージも公開されています。「：」（コロン）を挟んで、前半はプロダクト名（サービスや機能）となります。後半は、バージョンや用途など細かな違いを指定します。

本書での some-postgres コンテナは、イメージとして「postgres」バージョン「9.5」を使用します。また、iroha コンテナは、イメージとして「hyperledger/iroha」用の「develop」を使用します。

ネットワーク（iroha-networkネットワーク）

コンテナ同士が通信するためのネットワークを Docker 内部に作成します。同一のネットワークでは、IP アドレスではなくコンテナ名を指定して通信が可能です。本書では、some-postgres コンテナと iroha コンテナが通信を行うための「iroha-network ネットワーク」を作成します。

通信Port設定

各コンテナには、Docker ホストからコンテナにアクセスするために通信 Port の割り付けも行います。これにより Docker ホスト側の通信 Port とコンテナ側の通信 Port が直接つながります。Docker ホストからコンテナにアクセスする場合に重宝します。

some-postgres コンテナには、PostgreSQL のデフォルト Port5432 番を Docker ホストとつなぐ設定として「5432:5432」を設定しています。同様に iroha コンテナでは、Docker ホストの Port50051 番とコンテナの Port50051 番を割り付けています。参考までに、このような通信 Port 同士を割り付けることをポートフォワードといいます。

コンテナの継続とボリューム

データ（ファイル）を残す必要がないコンテナは、起動時にコンテナを作成して、停止時に自動削除することが可能です。ファイル容量の節約や常にクリーンな状態でコンテナを使用できるなどのメリットがあります。

停止時にコンテナの削除を行わない場合、イメージや動作中に作成／更新したファイルがコンテナ内に保存されます。本書では、コンテナの削除は行わず、継続して使用します。

ボリュームは、コンテナ外部にファイルを保存する領域を提供する機能です。ボリュームにコ

ンテナのディレクトリを割り付けて使用します。コンテナを削除してもボリュームとして残ります。また、コンテナ内のディレクトリを Docker ホスト側のディレクトリに割り付けることも可能です。

　iroha コンテナでは、ブロックチェーンを保存するために blockstore ボリュームを /tmp/block_store/ に割り付けます。また、Docker ホストの $(pwd)/iroha/example/ ディレクトリを /opt/iroha_data/ ディレクトリに割り付けます。

　同様に some-postgres コンテナは、自動的にボリュームを作成しており、PostgreSQL データベースが保存されます。

〈Memo〉

ホスト行の右にある「(pwd)」は、カレントディレクトリを示しています。

iroha-network ネットワークの作成コマンドの説明

　以下に、コマンドの概要と順番を解説します。実際のコマンド入力と出力例は、後述の「Docker コンテナ作成時のコマンドと出力メッセージ」（p.47）にて確認いただけます。

　Docker コンテナ同士が、通信を行うための iroha-network ネットワークを作成します。ネットワークの作成には、以下のような docker network create コマンドを使用します。

```
sudo docker network create iroha-network
sudo docker network list
```

　2 行目は、確認用にネットワークを一覧表示するコマンドです。

blockstore ボリュームの作成コマンドの説明

　Hyperledger Iroha コンテナがブロックチェーンを格納するための領域（ディレクトリです）として、blockstore ボリュームを作成します。ボリュームの作成には、以下のような docker volume create コマンドを使用します。

```
sudo docker volume create blockstore
sudo docker volume list
```

　2 行目は、確認用にボリュームを一覧表示するコマンドです。

some-postgres コンテナの作成コマンドの説明

　PostgreSQL データベース機能をサービスする some-postgres コンテナを作成します。コンテナ作成には、docker run コマンドを使用します。docker run コマンドには、作成するコンテナ

の情報を指定するので、複数行に区切って記入します。行末の「\」（バックスラッシュ）は、長いコマンドを複数行に分けて記述するためのものです。

〈**Advice**〉

Windows では「\」（バックスラッシュ）は「¥」（円マーク）として表示されます。

```
sudo docker run -it -d --name some-postgres \
-e POSTGRES_USER=postgres \
-e POSTGRES_PASSWORD=mysecretpassword \
-p 5432:5432 \
--network=iroha-network \
postgres:9.5
```

コンテナ名は「some-postgres」です。Docker ホストから Port5432 にアクセスすると some-postgres コンテナの Port5432 に接続します。

iroha-network ネットワークに接続します。

コンテナ作成時に PostgreSQL のユーザ ID とパスワードを指定します。

「-it」は、外部からアクセス可能な対話型コンテナの指定です。

「-d」は、バッググランドで動作する指定となります。

「--name」は、コンテナ名の指定です。

「-e」は、コンテナ作成時に環境変数として指定します。

「POSTGRES_USER」は、PostgreSQL のユーザ ID の指定です。「POSTGRES_PASSWORD」は、ユーザ ID に対するパスワードを指定します。

「-p」は、Docker ホストとコンテナの Port フォワーディング指定です。

「--network」は、接続するネットワーク名を指定します。

「postgres:9.5」は、イメージ名とイメージのタグです。PostgreSQL のバージョン 9.5 を使用します。

irohaコンテナの作成コマンドの説明

Hyperledger Iroha コンテナを作成するには、事前の準備が必要です。まずは、**git コマンド**をインストールします。git コマンドを使用して、Git 上の Hyperledger Iroha のレポジトリ（コンテナ作成に必要な環境）を、インターネット回線より Docker ホスト内に複写します。

```
sudo apt install git
sudo git clone -b master https://github.com/hyperledger/iroha --depth=1
```

「-b master」は、ブランチ指定です。執筆当初は、「-b develop」でしたが、「-b master」に変更になりました。その他にどのようなブランチがあるかは、Hyperledger Iroha のレポジトリ（https://github.com/hyperledger/iroha/）にブラウザでアクセスして、［Branch: master］プルダウンリストを展開すると確認できます。ブランチ指定が変更された場合、「-b master」の「master」を指定のブランチに変更してください。ドキュメントに指示がない場合は、Hyperledger Iroha のレポジトリにてどのようなブランチがあるのかを確認して、下から順番に適用してお試しください。

〈Memo〉

> どのようなブランチがあるかは、Hyperledger Iroha のレポジトリで、
> ［Branch: master］プルダウンリストを展開すると確認できます。

次に Hyperledger Iroha 機能をサービスする iroha コンテナを作成します。

```
sudo docker run -it -d --name iroha \
-p 50051:50051 \
-v $(pwd)/iroha/example:/opt/iroha_data \
-v blockstore:/tmp/block_store \
--network=iroha-network \
--entrypoint=/bin/bash \
hyperledger/iroha:develop
```

最後の行は、コンテナのイメージ名です。執筆期間中は、develop タグ版を使用しました。最新版を指定する場合には、「hyperledger/iroha:latest」とします。また、バージョンを明示的に指定（例えば「1.1.1」に）する場合には、「hyperledger/iroha:1.1.1」とします。

Hyperledger Iroha プロジェクトは、開発や改良が継続しています。そのため、iroha コンテナを作成する時期によってバージョンが変わることがあります。執筆中も「hyperledger/iroha:latest」とした際にバージョン 1.0.0 から 1.0.1 に変化しました。また、明示的に指定することで、バージョン 1.1.0 や 1.1.1 が構築可能になりました。

本書は、バージョン 1.0.0、1.0.1、b953c83 や 48050fa（開発バージョン）などで記述しています。これらと異なるバージョンを使用する場合には、公式ドキュメント（英語 https://iroha.readthedocs.io/en/latest/）やリリース告知ページ（https://github.com/hyperledger/iroha/releases/）にて、仕様やリリース状況を確認してください。

〈Advice〉

> 本書で説明しているのと異なるバージョンを使用する場合には、公式ドキュメントやリリース告知ページにて、仕様やリリース状況を確認してください。

コンテナ名は、「iroha」です。Docker ホストから Port50051 にアクセスすると iroha コンテナの Port50051 に接続します。

Docker ホストの $(pwd)/iroha/example をコンテナの /opt/iroha_data に割り付けます。ここで、$(pwd) はコンテナ起動時のカレントディレクトリを表します。

blockstore ボリュームをコンテナの /tmp/block_store に割り付けます。

iroha-network ネットワークに接続します。

Docker コンテナ作成時のコマンドと出力メッセージ

Docker コンテナ作成時の一連のコマンドと出力メッセージを、以下にサンプルとして紹介します。Ubuntu では、root ユーザを使用しないため、root ユーザ権限でコマンドを実行するために **sudo コマンド**を付けます。多くのコマンドが、インターネットからファイルや情報を取り込む処理を含むためインターネットとの接続が必要です。

Terminal 2-2-2 ネットワークとボリュームの作成（ログ）

```
 1  ~$ sudo docker network create iroha-network ────── iroha-network ネットワークの作成
 2  f82250e5d4d98fa0f6e4f22bb6bf0f02b3df2f11ea14d75687365e7a50dbee7b
 3  ~$ sudo docker network list ──────
 4  NETWORK ID          NAME             DRIVER          SCOPE      ネットワークの
 5  8e624d3d75c9        bridge           bridge          local      一覧の表示（不
 6  4a792831840f        host             host            local      要なフィールド
 7  f82250e5d4d9        iroha-network    bridge          local      は省略）
 8  d552fe60c21d        none             null            local
 9  ~$ sudo docker volume create blockstore ──────── blockstore の作成
10  blockstore ─────────────────────── blockstore と表示される
11  ~$ sudo docker volume list ─────────────── volume のリストの一覧
12  DRIVER              VOLUME NAME                    iroha-network ネットワークの内部 ID
13  local               blockstore
```

上記のネットワーク一覧の 3 行目（Terminal の 7 行目）に「iroha-network」があります。ネットワークには、デフォルトで「bridge」「host」「none」が存在します。

また、ボリューム一覧の 2 行目（Terminal の 13 行目）には「blockstore」があります。

次に postgres:9.5 イメージを Git から Pull（読み込み）します。1 分前後で some-postgres コンテナの作成が終了します。

Terminal 2-2-3 some-postgres コンテナの作成

```
 1  ~$ sudo docker run -it -d --name some-postgres \
 2  > -e POSTGRES_USER=postgres \
 3  > -e POSTGRES_PASSWORD=mysecretpassword \
 4  > -p 5432:5432 \
```

```
 5    > --network=iroha-network \
 6    > postgres:9.5
 7    Unable to find image 'postgres:9.5' locally
 ≋
23    Digest: sha256:406f3c0187817922a987f685affd1dbd4b36906810f3954b49e8d4f3a40c85c1
24    Status: Downloaded newer image for postgres:9.5
25    0a2627958fb74b2e2b49e7cea36ec250af58233b51671dfc315d7f9aab955f8b
```

git コマンドのインストール中もインターネットに接続している必要があります。また、Ubuntu のアップデートが進行中の場合にはエラーとなります。アップデートの終了後に実施してください。

Terminal 2-2-4 Hyperledger Iroha コンテナの作成準備（git コマンドのインストール）

```
 1    ~$ sudo apt install git ─────────────────────────  git コマンドのインストール
 2    パッケージリストを読み込んでいます... 完了
 ≋
14    この操作後に追加で 33.9 MB のディスク容量が消費されます。
      続行しますか? [Y/n] y ──────────────────────────  尋ねられたら「y」
 ≋
32    git (1:2.17.1-1ubuntu0.4) を設定しています ...
```

次に git コマンドを使用して、Hyperledger Iroha レポジトリを取り込みます。こちらもインターネットに接続している必要があります。

Terminal 2-2-5 Hyperledger Iroha コンテナの作成準備
（git clone コマンドによる Hyperledger Iroha レポジトリの取り込み）

```
 1    ~$ sudo git clone -b master https://github.com/hyperledger/iroha --depth=1 ──
 2    Cloning into 'iroha'...                            git clone コマンドの実行
 3    remote: Enumerating objects: 1737, done.
 4    remote: Counting objects: 100% (1737/1737), done.
 5    remote: Compressing objects: 100% (1282/1282), done.
 6    remote: Total 1737 (delta 420), reused 1518 (delta 407), pack-reused 0
 7    Receiving objects: 100% (1737/1737), 3.88 MiB | 2.49 MiB/s, done.
 8    Resolving deltas: 100% (420/420), done.
 9    ~$ ls ──────────────  ファイル一覧の表示。iroha ディレクトリがあるのがわかる
10    examples.desktop   iroha       テンプレート  ドキュメント  ピクチャ       公開
11    get-docker.sh      ダウンロード  デスクトップ  ビデオ       ミュージック
```

hyperledger/iroha:develop イメージを Git から Pull（読み込み）するため、1 分程度で iroha コンテナの作成が終了します。

```
 1  ~$ sudo docker run -it -d --name iroha \ ──────────  コンテナを作成（\ で複数行入力）
 2  > -p 50051:50051 \
 3  > -v $(pwd)/iroha/example:/opt/iroha_data \
 4  > -v blockstore:/tmp/block_store \
 5  > --network=iroha-network \
 6  > --entrypoint=/bin/bash \
 7  > hyperledger/iroha:develop
 8  Unable to find image 'hyperledger/iroha:develop' locally
 ≈
19  Digest: sha256:3a927791b14454a50995f6536001a32ae05e15ceccd79ec6b014e4e04ea00a20
20  Status: Downloaded newer image for hyperledger/iroha:develop
21  b06938dca295f43aba7873c093b5bec3c19748962e3c427d7fa1339c034289d0
22  ~$ exit
23  ~$
```

以上でコンテナの作成作業は終了です。

Terminal 2-2-7 のように docker ps コマンドにて、iroha コンテナと some-postgres コンテナが一覧に表示されていることを確認します。

また、docker stop コマンドにコンテナ名を付けて実行すると、コンテナが停止します。ここでは停止しておきます。

続けて 2.3 節を実施する場合、コンテナ作成を行ったターミナルを 2.3 節でもそのまま使用します。Docker ホスト（Ubuntu：仮想 PC）を停止する場合には、ターミナルを閉じます。

Terminal 2-2-7 作成した iroha コンテナと some-postgres コンテナの確認と停止

```
 1  ~$ sudo docker ps ──────────────  起動しているコンテナの確認（不要項目を省略）
 2  CONTAINER ID          IMAGE                    NAMES
 3  b06938dca295          hyperledger/iroha:develop   iroha ──────  iroha コンテナ実行中
 4  0a2627958fb7          postgres:9.5             some-postgres ──
 5  ~$ sudo docker stop iroha some-postgres ──  2つのコンテナの停止（どちらのコンテナを
 6  iroha                                         先に書いてもかまいません）
 7  some-postgres ─────────────────  some-postgres コンテナ実行中
```

〈Advice〉

docker ps コマンドによって、稼働中のコンテナが一覧表示されます。

2.3 起動と動作確認と停止

前節で構築した環境を使用して、Hyperledger Iroha の起動と動作確認と停止を説明します。Hyperledger Iroha の運用で困ることのないように一連の操作体系を解説します。併せて、Hyperledger Iroha プロセスおよび PostgreSQL データベースの動作を確認します。

2.3.1 起動手順

起動手順は、とてもシンプルです。各コンテナの起動と Hyperledger Iroha プロセスの起動です。some-postgres コンテナは、起動するだけで自動的に PostgreSQL データベースが起動します。しかし、iroha コンテナでは、Hyperledger Iroha プロセスを手動で起動する必要があります。ターミナルに大量のメッセージが出力されますが、正常動作のチェック項目を把握してください。

① some-postgres コンテナおよび iroha コンテナの起動
② Hyperledger Iroha プロセスの起動

コンテナ起動と確認（docker start と docker ps）

コンテナの起動は、docker start コマンドで行います。まとめて、複数のコンテナ名を指定して一括して起動することが可能です。

```
~$ sudo docker start some-postgres iroha ─────────────── 2つのコンテナの起動
some-postgres ─────────────────────────────── 起動したコンテナが表示される
iroha ──────────────────────────────────── 起動したコンテナが表示される
```

コンテナの起動確認は、docker ps コマンドで行います。起動中のコンテナの情報を一覧表示します。

docker ps コマンドの出力メッセージは非常に長いので、以下ではここでは見なくてもよい 3 つの項目（CONTAINER ID と CREATED と PORTS）を省略しています。実際には、改行されて表示されます。

```
~$ sudo docker ps ───────────────────────── 起動しているコンテナの確認
IMAGE                      COMMAND              STATUS          NAMES
hyperledger/iroha:develop  "/bin/bash"          Up 12 seconds   iroha
postgres:9.5               "docker-entrypoint.s…"  Up 12 seconds   some-postgres
```

docker ps コマンドは、稼働中（起動済）のコンテナしか表示しません。そのため、some-postgres コンテナおよび iroha コンテナが表示されれば起動しています。STATUS の「Up」が稼働中を表します。

docker ps コマンドに「-a」を付けると、起動中／停止中に関係なくすべてのコンテナの一覧が表示されます。

コンテナへのアクセス（接続、docker exec）と戻る（切断、exit）

コンテナにアクセスするには、docker exec コマンドを使用します。コンテナ名と決まり文句として「-it」および「/bin/bash」を指定します。

コンテナにアクセスするとターミナルのプロンプトが、シェルからコンテナ ID に変化します。接続したコンテナからシェルに戻るには、exit コマンドを使用します。

```
~$ sudo docker exec -it iroha /bin/bash ─────────── iroha コンテナへのアクセス（接続）
root@8787608e1bea:/opt/iroha_data# ──────────── プロンプトがコンテナ ID に変化
root@8787608e1bea:/opt/iroha_data# ls -l ─ ファイル一覧を表示する（出力結果は省略：後に解説します）
root@8787608e1bea:/opt/iroha_data# exit ──────── iroha コンテナからの切断
exit ──────────────────────────────── exit が表示される
~$ ────────────────────────────── プロンプトが bash に戻る
```

Hyperledger Iroha プロセスの起動コマンドの説明

いよいよ、Hyperledger Iroha プロセスを起動します。

Hyperledger Iroha プロセスは、iroha コンテナプロンプトから、irohad コマンドに各種パラメータを付けて起動します。

はじめての起動時には、最初のブロックチェーンのブロックを作成するために「--genesis_block genesis.block」を指定します。

また、パラメータとして指定する「--config config.docker」ファイルには、Hyperledger Iroha プロセスに必要な PostgreSQL データベースへの接続パラメータが記載されています。

そして、「--keypair_name node0」で、ノード名を指定します。起動時には Hyperledger Iroha のノードの認証が必要であり、「ノード名 .priv」ファイルが参照されます。単に「node0」と指定します。

Chart 2-3-1 irohad コマンドのパラメータ

パラメータ	内容	内容
--config	config.docker	some-postgres への接続情報
--genesis_block	genesis.block	ブロックチェーンの初期値（初回のみ）
--keypair_name	node0	ノード名（キーファイル名、拡張子は不要）

念のため、iroha コンテナへアクセスして、iroha コンテナのカレントディレクトリ内のファイルを表示してみましょう。以下のファイルが既に存在していることがわかります。内容については、第 3 章で解説します。

```
~$ sudo docker exec -it iroha /bin/bash ───────── iroha コンテナへのアクセス（接続）
root@8787608e1bea:/opt/iroha_data# ls -l ───────── ファイル一覧を表示する
-rw-r--r-- 1 1000 1000   48 May 16 05:34 README.md
-rw-r--r-- 1 1000 1000   64 May 16 05:34 admin@test.priv
-rw-r--r-- 1 1000 1000   64 May 16 05:34 admin@test.pub
-rw-r--r-- 1 1000 1000  312 May 16 05:34 config-win.sample
-rw-r--r-- 1 1000 1000  377 May 16 05:34 config.docker ── Chart 2-3-1 に示したファイルがある
-rw-r--r-- 1 1000 1000  374 May 16 05:34 config.sample
-rw-r--r-- 1 1000 1000 5153 May 16 05:34 genesis.block ── Chart 2-3-1 に示したファイルがある
-rw-r--r-- 1 1000 1000   64 May 16 05:34 node0.priv ──── Chart 2-3-1 に示したファイルがある
-rw-r--r-- 1 1000 1000   64 May 16 05:34 node0.pub
drwxr-xr-x 3 1000 1000 4096 May 16 05:34 python
-rw-r--r-- 1 1000 1000   64 May 16 05:34 test@test.priv
-rw-r--r-- 1 1000 1000   64 May 16 05:34 test@test.pub
```

irohad コマンドによる Hyperledger Iroha プロセスの起動とメッセージ出力

　irohad コマンドを実行すると Hyperledger Iroha プロセスが起動して、以下のようなメッセージ出力を行います。Hyperledger Iroha プロセスは、起動後にログ（動作状況）を表示します。「===> iroha initialized」が起動完了のメッセージです（Terminal 2-3-1 の省略部分内の 36 行目あたりに表示されます）。

Terminal 2-3-1 Hyperledger Iroha コンテナへのアクセスと Hyperledger Iroha プロセスの起動ログ

```
 1  ~$ sudo docker exec -it iroha /bin/bash ───────── iroha コンテナへのアクセス（接続）
 2  root@8787608e1bea:/opt/iroha_data# irohad --config config.docker --genesis_block
    genesis.block --keypair_name node0 ─ パラメータを付けて、Hyperledger Iroha プロセスの起動
 3  [2019-05-16 05:41:15.611566790][I][Init]: Irohad version: b953c83
 4  [2019-05-16 05:41:15.611850338][I][Init]: config initialized
 5  [2019-05-16 05:41:15.613280408][I][Irohad]: created
    ≈
51  [2019-05-16 05:41:22.757357230][I][Irohad/Consensus/Gate]: Consensus skipped
    round, voted for nothing
52  [2019-05-16 05:41:22.757445644][I][Irohad/Synchronizer]: processing consensus
    outcome
53  [2019-05-16 05:41:22.757490723][I][Irohad/Synchronizer]: at handleDifferent
54  [2019-05-16 05:41:22.757529298][I][Irohad]: ~~~~~~~~~| EMPTY (-_-)zzz |~~~~~~~~
```

　1 行目（Terminal の 3 行目）に irohad のバージョンを表示します。この例では、「b953c83」です。起動中は、ブロックチェーンの更新確認処理が繰り返されます。Hyperledger Iroha プロセスは、ブロックチェーンを更新する必要があるかを一定時間間隔でチェックします。最終行の

「[~~~~~~~~~| EMPTY (-_-)zzz |~~~~~~~~~]」は、次のチェックまでの待機中を表します。

このターミナルを終了すると、Hyperledger Iroha プロセスも終了してしまうので、起動した
ままにし、作業は別ターミナルで行います。

Hyperledger Iroha プロセスの停止方法は、2.3.3 項で解説します。

2.3.2 各プロセスの動作確認

ここでは、Hyperledger Iroha プロセスと PostgreSQL データベースが実際に動作しているか確
認します。新たにターミナルを開き、iroha コンテナと some-postgres コンテナにアクセスします。
それぞれの確認操作を把握してください。

iroha-cli コマンドで Hyperledger Iroha プロセスにアクセス

iroha-cli コマンドは、Hyperledger Iroha プロセスにアクセスするもので、ほぼすべての処理
を指示でき、状態の表示もできます。よって、Hyperledger Iroha はプログラムなしでも利用で
きます。cli とは、Command Line Interface の略です。

そして、動作確認にも iroha-cli コマンドを使用します。

iroha-cli コマンドの実行には、Hyperledger Iroha に登録されているアカウントを指定します。
管理者である admin@test であれば、「-account_name admin@test」と指定します。「admin@
test」は、test ドメインの admin アカウントという意味です。ドメインやアカウントは第 3 章で
解説します。

それでは、Hyperledger Iroha プロセスの動作確認として、iroha-cli コマンドによるロールと
いう、複数の権限を 1 つのグループにまとめたものの表示を行います。Hyperledger Iroha に登
録されているすべてのロールが表示されます。Hyperledger Iroha プロセスが動作していないと
確認できない処理ですので、結果的に動作確認ができるというわけです。なお、iroha-cli コマン
ドのその他の機能と使用方法については、第 3 章にて解説します。

① iroha コンテナへのアクセス（接続）
    sudo docker exec -it iroha /bin/bash を実行
② iroha-cli コマンド起動
    iroha-cli -account_name admin@test を実行
③ 作業メニューの選択
    例：「2. New query (qry)」を選ぶため 2 と入力して Enter キーを押す
④ サブメニューの選択
    例：「6. Get all current roles in the system (get_roles)」を選んでロールを表示（6 と
    入力して Enter キーを押す）

⑤ 選択結果の処理

例：「1. Send to Iroha peer (send)」を選んでpeerに送る（1と入力してEnterキーを押す）

⑥ Peerのアドレスを選択

例：デフォルト値の0.0.0.0の場合、そのままEnterキーを押す

⑦ portを選択

例：デフォルト値の50051の場合、そのままEnterキーを押す

⑧ 結果が表示される

⑨ iroha-cliコマンド終了

Ctrl + Cキーを押す

このような流れでHyperledger Irohaプロセスにアクセスします。実際のiroha-cliコマンドへの入力とメッセージ出力（ログ）は、次のようになります。

Terminal 2-3-2 iroha-cliコマンドによる動作確認（ログ）

```
 1  ~$ sudo docker exec -it iroha /bin/bash ──────── irohaコンテナへのアクセス（接続）
 2  root@8787608e1bea:/opt/iroha_data# iroha-cli -account_name admin@test ───
 3  Welcome to Iroha-Cli.                    コンテナIDのプロンプト上で、iroha-cliコマンドの起動
 4  Choose what to do:
 5  1. New transaction (tx)
 6  2. New query (qry)
 7  3. New transaction status request (st)
 8  > : 2 ──────────────────────────────────────── メニューの「2」を選択
 9  Choose query:
10  1. Get all permissions related to role (get_role_perm)
11  2. Get Transactions by transactions' hashes (get_tx)
12  3. Get information about asset (get_ast_info)
13  4. Get Account's Transactions (get_acc_tx)
14  5. Get Account's Asset Transactions (get_acc_ast_tx)
15  6. Get all current roles in the system (get_roles)
16  7. Get Account's Signatories (get_acc_sign)
17  8. Get Account's Assets (get_acc_ast)
18  9. Get Account Information (get_acc)
19  0. Back (b)
20  > : 6 ──────────────────────────────────────── メニューの「6」を選択
21  Query is formed. Choose what to do:
22  1. Send to Iroha peer (send)
23  2. Save as json file (save)
24  0. Back (b)
25  > : 1 ──────────────────────────────────────── メニューの「1」を選択
26  Peer address (0.0.0.0): ────────────────────────── このまま改行する
27  Peer port (50051): ──────────────────────────────── このまま改行する
28  [2019-05-16 06:07:51.501769830][I][CLI/ResponseHandler/Query]:  admin
```

```
29   [2019-05-16 06:07:51.501875413][I][CLI/ResponseHandler/Query]:  user
30   [2019-05-16 06:07:51.501884328][I][CLI/ResponseHandler/Query]:  money_creator
31   --------------------
32   Choose what to do:
33   1. New transaction (tx)
34   2. New query (qry)
35   3. New transaction status request (st)
36   > : ^C ─────────────────────────── Control + C キーで iroha-cli コマンドを終了
37   root@8787608e1bea:/opt/iroha_data# exit ─────────── exit で iroha コンテナを終了
38   exit ───────────────────────────────── exit が表示される
39   ~$ ──────────────────────────── プロンプトが bash に戻る
```

iroha-cli コマンドは、Ctrl + C（Ctrl キーを押したまま C キーを押します）で停止します。iroha コンテナから戻るには、exit コマンドを入力します。

以降の iroha-cli コマンドのログの掲載は最小限にとどめます。

PostgreSQLへのアクセス

Hyperledger Iroha プロセスの正常動作を iroha-cli コマンドで確認できれば、some-postgres コンテナの PostgreSQL データベースの動作も正常といえます。

ただし、念のため、PostgreSQL データベースの動作の確認方法も解説します。また、**World State View** にどのようなデータが格納されているかも確認します。

具体的には、docker exec コマンドを使用し some-postgres コンテナにアクセス（接続）します。そして、**psql コマンド**にて、PostgreSQL データベースへログインします。パラメータのユーザ ID は postgres で、データベースは postgres です。よって、コマンドは、psql -U postgres postgres となります。psql はコマンドラインユーティリティともいいます。

〈Advice〉

> Ver1.1.0 の場合、データベース名を「iroha_default」に変更してください。コマンドは、psql -U postgres iroha_default となります。それより新しい Ver の場合でも、iroha_default と思われますが、念のためドキュメントを参照してください。

以下の手順でテーブルの一覧とテーブルの内容を表示します。

① some-postgres コンテナにアクセス（接続）
　sudo docker exec -it some-postgres /bin/bash を実行
② psql を起動
　（Hyperledger Iroha が Ver1.0.1 の場合）psql -U postgres postgres を実行
　（Hyperledger Iroha が Ver1.1.0 の場合）psql -U postgres iroha_default を実行

③ テーブルの一覧の表示
　　\dt; と実行
④ account テーブルの内容表示
　　select * from account; と実行
⑤ asset テーブルの内容表示
　　select * from asset; と実行
⑥ domain テーブルの内容表示
　　select * from domain; と実行
⑦ role テーブルの内容表示
　　select * from role; と実行
⑧ peer テーブルの内容表示
　　select * from peer; と実行
⑨ psql の終了
　　\q と実行

実際の psql コマンドの入力とメッセージ出力は、次のようになります。

Hyperledger Iroha のバージョンによって、PostgreSQL に作成されるデータベース名が異なり
ます。Ver1.0.1 以前は「postgres」です。Terminai 2-3-3 は Ver1.0.1 なので、データベース名が
「postgres」です。Ver1.1.0 以前は、「iroha_default」となります。

Terminal 2-3-3 some-postgres コンテナの PostgreSQL データベースの確認（Ver1.0.1 以前）

```
 1  ~$ sudo docker exec -it some-postgres /bin/bash ———— some-postgres コンテナの起動
 2  root@0a2627958fb7:/# psql -U postgres postgres ——— コンテナIDのプロンプトでpsqlの起動
 3  psql (9.5.17)
 4  Type "help" for help.
 5
 6  postgres=# \dt; ——————————————————————————————— テーブル一覧の表示
 7                       List of relations
 8   Schema |              Name                | Type  | Owner
 9  --------+----------------------------------+-------+----------
10   public | account                          | table | postgres
11   public | account_has_asset                | table | postgres
12   public | account_has_grantable_permissions | table | postgres
13   public | account_has_roles                | table | postgres
14   public | account_has_signatory            | table | postgres
15   public | asset                            | table | postgres
16   public | domain                           | table | postgres
17   public | height_by_account_set            | table | postgres
18   public | index_by_creator_height          | table | postgres
19   public | peer                             | table | postgres
20   public | position_by_account_asset        | table | postgres
```

```
21   public | position_by_hash               | table | postgres
22   public | role                           | table | postgres
23   public | role_has_permissions           | table | postgres
24   public | signatory                      | table | postgres
25   public | tx_status_by_hash              | table | postgres
26   (16 rows)
27
28   postgres=# select * from account;  ──────────────────── account テーブルの内容表示
29    account_id | domain_id | quorum | data
30   ------------+-----------+--------+-------
31    admin@test | test      |      1 | {}
32    test@test  | test      |      1 | {}
33   (2 rows)
34
35   postgres=# select * from asset;  ──────────────────── asset テーブルの内容表示
36    asset_id  | domain_id | precision | data
37   -----------+-----------+-----------+-------
38    coin#test | test      |         2 |
39   (1 row)
40
41   postgres=# select * from domain;  ──────────────────── domain テーブルの内容表示
42    domain_id | default_role
43   -----------+--------------
44    test      | user
45   (1 row)
46
47   postgres=# select * from role;  ──────────────────── role テーブルの内容表示
48       role_id
49   ---------------
50    admin
51    user
52    money_creator
53   (3 rows)
54
55   postgres=# select * from peer;  ──────────────────── peer テーブルの内容表示
56                          public_key                          |   address
57   ----------------------------------------------------------+---------------
     ---
58    bddd58404d1315e0eb27902c5d7c8eb0602c16238f005773df406bc191308929 | 127.0.0.1:100
     01
59   (1 row)
```

2.3 起動と動作確認と停止 ◆ 57

```
60
61   postgres=# \q  ─────────────────────────────────── psql の終了
62   root@0a2627958fb7:/# exit ──────────── exit で some-postgres コンテナを終了
63   exit ─────────────────────────────────── exit が表示される
64   ~$ ──────────────────────────────────── プロンプトが bash に戻る
```

　Hyperledger Iroha では、ブロックチェーン以外の情報の管理に PostgreSQL を使用していま
す。Hyperledger Iroha を使用するだけであれば、PostgreSQL を操作することはありません。こ
の PostgreSQL は、Hyperledger Iroha 専用／占有ではなく、また、通常の PostgreSQL の機能を
備えています。第 5 章では、例題アプリ側で PostgreSQL を使用します。

> 《Memo》
>
> Hyperledger Iroha は、ブロックチェーンとは別に情報管理用に PostgreSQL
> を使用しています。
> この PostgreSQL は、並行して別の用途に使用することも可能です。

2.3.3 停止手順

　Hyperledger Iroha の停止は、非常にシンプルで、起動とは逆順の手順で行います。止めるだ
けの単純な流れですが、停止時のトラブルを避けるためにも確実に行ってください。

停止手順の概要

　Hyperledger Iroha の停止は、起動と逆順で実施します。

① Hyperledger Iroha プロセスの停止
② Docker コンテナの停止（PostgreSQL コンテナ、Hyperledger Iroha コンテナ）

Hyperledger Iroha プロセスの停止メッセージ出力

　irohad コマンドを実行したターミナルを表示します。Hyperledger Iroha プロセスのメッセー
ジが流れている状態のまま、（乱暴なような気がしますが）Ctrl + C キーを入力します。すぐに、
Hyperledger Iroha プロセスが停止します。止まらない場合は、再度 Ctrl + C を入力します。
　その後、exit コマンドにて、iroha コンテナに接続したターミナルを終了し、コンテナ ID のプ
ロンプトから元の bash のプロンプトに戻ります。

```
^C[2019-05-16 09:28:14.963596613][I][Init]: shutting down...
root@8787608e1bea:/opt/iroha_data# exit ───────── exit コマンドで iroha コンテナの終了
exit ──────────────────────────────────────── exit が表示される
~$ ───────────────────────────────────────── プロンプトが bash に戻る
```

Dockerコンテナの停止メッセージ出力

起動と同様に複数のコンテナを1つの docker stop コマンドで停止することが可能です。sudo docker ps -a コマンドによって、停止を確認します。STATUS フィールドが「Exited」となっていれば停止しています（他のフィールドの掲載は割愛しました）。

```
~$ sudo docker stop iroha some-postgres ───── iroha コンテナと some-postgres コンテナの終了
                                               （どちらのコンテナを先にしてもかまいません）
iroha ───────── iroha が表示される
some-postgres ──────────────────────────── some-postgres が表示される
~$ sudo docker ps -a                       STATUS フィールドの Exited を確認
CONTAINER ID  IMAGE                     STATUS                     NAMES
8787608e1bea  hyperledger/iroha:develop Exited (0) 27 seconds ago  iroha
001665acf276  postgres:9.5              Exited (0) 12 seconds ago  some-postgres
```

2.3.4 誤って Docker コンテナを作成した場合の削除手順

間違ったパラメータで Docker コンテナを作成した場合、コンテナを削除して再度コンテナを作成するのが効率的です。コンテナの作成や削除が手軽に行えるのが、Docker 環境の魅力といえます。

再構築やメンテナンスに備えて、iroha コンテナと some-postgres コンテナ、さらにボリュームやネットワークの削除手順を解説します。

Dockerコンテナの削除手順の概要

Docker コンテナは、停止していないと削除することができません。また、ボリュームも削除する場合、コンテナに割り当てられている状態では削除できません。そのため、削除手順は、次のようにコンテナの停止から実施します。

① コンテナの停止
② コンテナの削除
③ ボリュームおよびネットワークの削除

some-postgresコンテナが使用しているボリューム

some-postgres コンテナの作成時には、自動的にデータベース格納用のボリュームを作成します。ボリューム名は、ランダムな文字列が割り当てられます。some-postgres コンテナを削除しただけでは、このボリュームは残ってしまいます。それは、some-postgres コンテナを作成するたびに新たなボリュームが作られるからです。そのため、some-postgres コンテナを削除する際には、ボリュームも併せて削除することをお勧めします。

Dockerコンテナの削除手順

some-postgres コンテナが使用しているボリュームの削除方法も含めて解説します。Docker ホストから、Terminal 2-3-4 に示す手順で削除を行います。

Terminal 2-3-4 Docker コンテナとボリュームの削除

```
 1  ~$ sudo docker stop iroha some-postgres
 2  iroha
 3  some-postgres
 4  ~$ sudo docker rm iroha some-postgres
 5  iroha
 6  some-postgres
 7  ~$ sudo docker volume ls
 8  DRIVER              VOLUME NAME
 9  local               4bdd7ddf9e1fe43368b5afc03c33b8a3b640c6cd68eac1dce17cfdc4eb271
    eaf
10  local               blockstore
11  ~$ sudo docker volume rm blockstore
12  blockstore
13  ~$ sudo docker volume rm 4bdd7ddf9e1fe43368b5afc03c33b8a3b640c6cd68eac1dce17cfdc4
    eb271eaf
14  4bdd7ddf9e1fe43368b5afc03c33b8a3b640c6cd68eac1dce17cfdc4eb271eaf
15  ~$ sudo docker network rm iroha-network
16  iroha-network
17  ~$
```

1 行目は、iroha コンテナと some-postgres コンテナを停止します。

4 行目は、iroha コンテナと some-postgres コンテナを削除します。

7 行目は、ボリュームを確認します。

9 行目が、some-postgres コンテナが自動的に作成したボリュームです。この例では、「4bdd7 ddf9e1fe43368b5afc03c33b8a3b640c6cd68eac1dce17cfdc4eb271eaf」がボリューム名です。

11 行目は、iroha コンテナが使用する blockstore ボリュームを削除します。

13 行目は、some-postgres コンテナ作成時に自動的に作成したボリュームを削除します。

15 行目は、iroha-network ネットワークを削除します。

以上の手順で、Docker のコンテナ、ボリューム、ネットワークが削除されました。

第 2 章の内容を実施いただくことで、手元にシングル Peer 構成の Hyperledger Iroha が構築できました。第 3 章では、Hyperledger Iroha に付属しているコマンドを使用して、実際にブロックチェーンを操作します。

3

Hyperledger Iroha 操作

　第 3 章の冒頭では、Hyperledger Iroha の用語や概念を解説します。また、後半では、第 2 章で構築したブロックチェーンを実際に操作します。

　第 2 章では Hyperledger Iroha プロセスの動作確認として、iroha-cli コマンドのメニューの 1 つを実行しました。第 3 章では、Hyperledger Iroha が提供する豊富な機能を iroha-cli コマンドから実行します。本章冒頭での知識を基に実際に操作することによって、Hyperledger Iroha の世界が見通せ、ひいてはブロックチェーン全体の理解が深まります。

　なお、第 3 章で、Hyperledger Iroha の世界の概念や機能を理解いただくことで、第 4 章のプログラミングへのハードルがぐっと下がります。

3.1 Hyperledger Iroha の用語ならびに概念

Hyperledger Iroha は、IT 技術の進歩の常ですが、それまでのシステム基盤とは異なる概念が含まれ、利用されています。また、利用しやすいように従来のシステム基盤と同様の概念も含まれています。

Hyperledger Iroha を操作するには、それらを含めて Hyperledger Iroha を理解しておく必要があります。特に Hyperledger Iroha に構築するドメイン、アセット、アカウント、ロールは、最も重要ですので理解を深めてください。

3.1.1 Hyperledger Iroha の世界

Hyperledger Iroha の基本概念である**ドメイン（領域）**、**アセット（資産種別）**、**アカウント（ユーザ ID と口座）**について順番に解説します。これらの間の数字の動きが、トランザクションとなりハッシュ値とともに記録されますので、非常に重量な概念です。特にアセットとアカウントの関係は誤りやすいので、しっかりと把握してください。

ドメイン（Domain）―領域

ドメインは、領域（グループ化や区分けなど）であり、後で説明するアセットとアカウントはこの領域に含まれます。また、アセットおよびアカウントを作成する際には、必ず所属させるドメインを指定します。

ドメインの作成時には、ロール（後述）という、ドメインに登録されるすべてのアカウント共通の権限をデフォルトで指定します。また、後に説明しますが、アセットに対する権限には、対象をドメイン内に限定する権限があります。

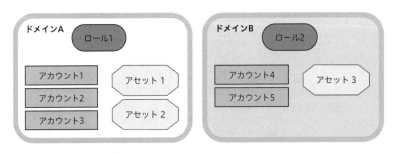

Chart 3-1-1　ドメイン（Domain：領域）の概念

Hyperledger Iroha のドメインは、グループ化や区分けを実現するための抽象化する概念です。インターネットやネットワーク構成のドメインとは関係ありません。

Hyperledger Iroha のドメインは、1 階層のみです。ドメイン内にドメインが入るような階層構造には対応していません。

アセット（Asset）―資産種別

　アセットは、アカウントが取引や蓄積を行う資産の種別を表します。一般のブロックチェーンでは、1 つの仮想通貨を取り扱いますが、Hyperledger Iroha では、複数のアセットを取り扱うことができるので、例えば、国ごとの異なる通貨や貴金属を管理できます。

　また、一般的にアセットは**資産**と訳され、数量で表すものであれば何にでも適用できます。材料や原料の蓄積量を表すことも可能です。

　アセットには、表す数値の精度として小数点以下の桁数を設定します。この桁数は、0 ～ 255 桁までを指定します。後述するアカウントは、アセットごとの残高を持てます。

　アセット ID は、ドメイン名と合わせて、「**アセット名 # ドメイン名**」で表します。アセット名とドメイン名を分けるセパレーターは「#」です。

アカウント（Account）―ユーザ ID

　ユーザ ID は、ユーザ認証用のキーペアからなります。また、アカウントにはセキュリティ機能として、各種の権限をまとめたロール（後述）を設定します。アカウントの新規作成時には、所属するドメインのロールが適用されます。さらに、同じドメイン内でもアカウントごとに複数のロールを付与（設定）できます。

　アカウントは、アセットごとに残高を持つことができます。1 つのアカウントには複数のアセットを持たせることができるので、アカウントにも複数の残高を持つことが可能です。残高は、常に 0 以上です。残高がマイナスとなるトランザクションは実行できません。記録領域を確保するような特別な宣言は必要ありません。トランザクションで、アカウントにアセットが加算されるか転送されると残高が発生します。アセットに関するトランザクションは、**加算**（API 名：**add_ast_qty**）と**減算**（**sub_ast_qty**）と**転送**（**tran_ast**）の 3 種類のみです。

　アカウント ID は、ドメイン名と合わせて、「**アカウント名 @ ドメイン名**」で表します。アカウント名とドメイン名を分けるセパレーターは「@」です。

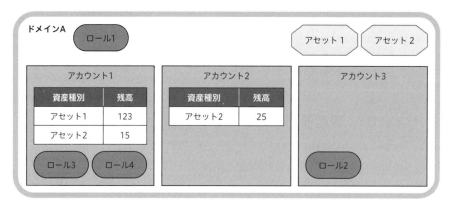

Chart 3-1-2 アカウント（Account：ユーザ ID）の概念（ロールとアセット残高)

上記の図では、ドメイン A に 2 つのアセットが作成されています。

アカウント 1 には、アセット 1 とアセット 2 の残高があります。

アカウント 2 には、アセット 2 の残高があります。

アカウント 3 には、残高がありません。

また、ドメイン A の権限にはロール 1 がデフォルトで登録されています。よって、ドメイン A に所属しているアカウント 1 とアカウント 2 とアカウント 3 は、自動的にロール 1 が付与されます。

さらに、アカウント 1 にはロール 3 とロール 4 も付与され、アカウント 3 にはロール 2 も付与されています。

3.1.2 セキュリティ機能

セキュリティ機能は、Hyperledger Iroha の特徴の 1 つです。Hyperledger Iroha は、企業や団体など広く利用できるように巧妙で強力なセキュリティ機能を、機能別／対象別に細かく用意しています。また、与える権限は「許可」のみです。与えていない権限の操作は拒否されます。

《Advice》

Hyperledger Iroha は、必要な権限を与えなければなりません。

権限（Permission）とロール（Role）

Hyperledger Iroha の権限は、全部で 53 種類あります。

権限には Command（命令）タイプのものと Query（問い合わせ）タイプのものがあります。アカウントに適切な権限を設定しておかないと実行されません。

また、権限名（Permission Name）は、1 文字でも異なると設定（付与や削除）の段階で拒否（Reject）されます。

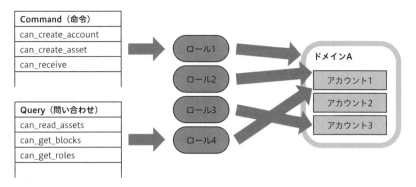

Chart 3-1-3　権限（Permission）とロール（Role）の概念

　ところで、アカウントを登録するたびに53種類の権限を精査して設定するのは煩雑です。そのため、権限設定をまとめたロール（Role）を作り、設定することが一般的です。例えば、管理者と一般利用者のように役割やレベルに応じて、それぞれのロールを作成すると設定が容易になります。

Commandタイプの権限

　Commandタイプの権限は、全部で29種類あります。

　そのうちのChart 3-1-4に示す10種類は、適用範囲を持たない権限です。Hyperledger Iroha全体に影響し、ドメインやロールなどが含まれます。

Chart 3-1-4　適用範囲を持たない権限

権限名	内容
root	全権限（Queryタイプも含む）　＊執筆時は動作せず
can_create_account	アカウントが作成できる
can_create_asset	アセットが作成できる
can_receive	アセットの転送を受領できる
can_create_domain	ドメインが作成できる
can_add_peer	Peerが追加できる
can_append_role	アカウントへロールを追加できる
can_create_role	ロールを作成できる
can_detach_role	アカウントからロールを削除できる
can_remove_peer	Peerが削除できる　＊バージョン1.1.0以降で設定可能

　Chart 3-1-5に示す4つの権限は、アカウント別のアセット残高を操作する権限です。対象範囲別に「すべてのドメイン」または「アカウントが所属するドメイン」の2つの範囲に分かれています。

Chart 3-1-5 アセットに関する権限

権限名		内容
すべてのドメインが対応	アカウントが所属するドメインが対象	
can_add_asset_qty	can_add_domain_asset_qty	アセットを加算できる
can_subtract_asset_qty	can_subtract_domain_asset_qty	アセットを減算できる

　Chart 3-1-6 に示す 10 つの権限は、アカウントに関する権限です。対象範囲別に「すべてのアカウント」または「自アカウント」の 2 つの範囲に分かれています。

Chart 3-1-6　アカウントに関する権限

権限名		内容
すべてのアカウント	自アカウント	
can_set_detail	can_set_my_account_detail	アカウントに情報を追加できる
can_transfer	can_transfer_my_assets	アセットを転送できる
can_add_signatory	can_add_my_signatory	公開鍵（キーペア）を追加できる
can_remove_signatory	can_remove_my_signatory	公開鍵（キーペア）を削除できる
can_set_quorum	can_set_my_quorum	票数（定足数）を設定できる

　Chart 3-1-7 に示す 5 つの権限は、他のアカウントに自分の権限を付与できる権限です。

Chart 3-1-7　他のアカウントへの権限を付与できる権限

権限名	内容
can_grant_can_set_my_account_detail	他のアカウントに can_set_my_account_detail を付与
can_grant_can_transfer_my_assets	他のアカウントに can_transfer_my_assets を付与
can_grant_can_add_my_signatory	他のアカウントに can_add_my_signatory を付与
can_grant_can_remove_my_signatory	他のアカウントに can_remove_my_signatory を付与
can_grant_can_set_my_quorum	他のアカウントに can_set_my_quorum を付与

Query タイプの権限

　Query タイプの権限は、Hyperledger Iroha に登録されている内容を問い合わせるための権限です。Query タイプの権限は、全部で 24 種類あります。

　ほとんどの権限は、リクエスト対象の範囲を「すべて」「所属ドメイン」「自アカウント」の 3 段階で制限できるようになっています。さまざまな情報管理ルールに対応できるように 3 段階の範囲制限が用意されています。

Chart 3-1-8 Hyperledger Iroha へ問い合わせる権限（「すべて」のみ）

権限名	リクエスト内容	適用範囲の異なる権限
can_get_all_acc_detail	すべてのアカウントの追加情報	所属ドメイン／自アカウント
can_get_all_accounts	すべてのアカウント情報	所属ドメイン／自アカウント
can_get_all_acc_ast	すべてのアカウントのアセット残高	所属ドメイン／自アカウント
can_get_all_acc_ast_txs	すべてのアカウント／アセットのトランザクション	所属ドメイン／自アカウント
can_get_all_acc_txs	すべてのアカウントのトランザクション	所属ドメイン／自アカウント
can_get_all_signatories	すべての公開鍵	所属ドメイン／自アカウント
can_get_all_txs	すべてのトランザクション	自アカウント

Chart 3-1-9 は、リクエスト対象の範囲制限別の権限を対比する表です。

Chart 3-1-9 Hyperledger Iroha へ問い合わせる権限
（「すべて」と「所属ドメイン」と「自アカウント」の対比）

権限名		
すべて	所属ドメイン	自アカウント
can_get_all_acc_detail	can_get_domain_acc_detail	can_get_my_acc_detail
can_get_all_accounts	can_get_domain_accounts	can_get_my_account
can_get_all_acc_ast	can_get_domain_acc_ast	can_get_my_acc_ast
can_get_all_acc_ast_txs	can_get_domain_acc_ast_txs	can_get_my_acc_ast_txs
can_get_all_acc_txs	can_get_domain_acc_txs	can_get_my_acc_txs
can_get_all_signatories	can_get_domain_signatories	can_get_my_signatories
can_get_all_txs	—	can_get_my_txs

Chart 3-1-10 は、権限の適用範囲を持たず、Hyperledger Iroha 全体に及ぶ権限です。

Chart 3-1-10 範囲を持たない Hyperledger Iroha へ問い合わせる権限

権限名	リクエスト内容
can_read_assets	すべてのアセットの情報
can_get_blocks	すべてのブロックの内容
can_get_roles	すべてのロール名と集約権限
can_get_peers	すべての Peer 情報　＊バージョン 1.1.0 以降で設定可能です

3.1.3 Peer と Hyperledger Iroha ネットワーク

Hyperledger Iroha は、インターネットなどのネットワーク空間で使用する前提で作られています。そして、ネットワーク空間の分散した場所にユーザが存在して運用をするイメージです。そういったユーザからリクエストを受け付ける役割が Peer です。Peer は、ユーザからリクエストを受け取り、リクエストの内容に問題がなければ実行します。

Peer

1つのHyperledger Iroha（本書ではirohaコンテナとsome-postgresコンテナのひと組）を
Peerと呼びます。

Peerは、ユーザからの命令をPort番号50051で受け取ります。iroha-cliやAPI（第4章で説明）
で指定するPort番号50051は、Peerの内部コンポーネントToriiがリクエストを待ち受けるポー
ト番号です。Toriiは、irohaコンテナにて、クライアント（APIやiroha-cli）からのリクエスト
の受領を担うモジュールです。また、Peerは、Port番号10001を使用して他のPeerと相互に通
信を行います。

Hyperledger IrohaのPeerは、単独ですべてのHyperledger Iroha機能を有しています。1つ
のPeerが、ユーザからのリクエストを受け取り、トランザクションを判定して、ブロックとし
て蓄積してブロックチェーンを形成します。

《Memo》

> すべてのPeerは、ブロックチェーンを持っており、Iroha-cliやAPIのリク
> エストを受信してトランザクションを実行します。

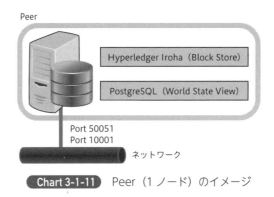

Chart 3-1-11　Peer（1ノード）のイメージ

Hyperledger Irohaネットワーク

Hyperledger Irohaは、ネットワーク空間に分散したPeer同士が自動的に通信を行い、トラン
ザクションの承認やブロックの同期（不足しているブロックの書込み）を行います。このように
複数のPeerが連携して、Hyperledger Irohaネットワークを構成します。

万が一、一部のPeerの障害や通信の切断があっても、残りのPeerによってサービスは問題な
く継続されます。トランザクションは、稼働している全Peerのブロックストアに格納されます。
もし、あるPeerに不足しているブロックが見つかった場合には、そのPeerに自動的に読み込ま
れ、ブロックストアに書き加えられます。

《Memo》

> 不足のブロックは、自動的に書き加えられて欠損のないブロックチェーンの
> 状態（同期）となります。

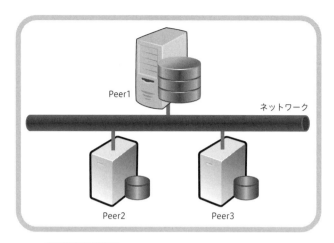

Chart 3-1-12 Hyperledger Iroha ネットワーク

3.1.4 iroha コンテナ

第 2 章で構築した iroha コンテナのカレントディレクトリには、Peer の設置や運用に使用する
ファイルが格納されています。これらのファイルの役割と内容を解説します。

Chart 3-1-13 iroha コンテナのカレントディレクトリ（/opt/iroha_data/）

ファイル名	用途	備考
README.md	補足情報やメモが記載されています	―
admin@test.priv	admin@test アカウントのキーペア	秘密鍵
admin@test.pub		公開鍵
config-win.sample	irohad プロセスの設定ファイル	Windows 環境向け
config.docker	irohad プロセスの設定ファイル	―
genesis.block	最初のブロックを作成するための初期設定ファイル	―
node0.priv	Peer のキーペア	秘密鍵
node0.pub		公開鍵
test@test.priv	test@test アカウントのキーペア	秘密鍵
test@test.pub		公開鍵

irohadプロセスの設定ファイル（config.docker）

config.docker ファイルは、irohad プロセスが起動する際に読み込まれる JSON 形式のテキス
トファイルです。irohad プロセスを起動する際に --config パラメータでファイル名を指定します。

Chart 3-1-14 config.docker の内容

```
1   {
2     "block_store_path" : "/tmp/block_store/",
3     "torii_port" : 50051,
```

```
 4      "internal_port" : 10001,
 5      "pg_opt" : "host=some-postgres port=5432 user=postgres password=
   mysecretpassword",
 6      "max_proposal_size" : 10,
 7      "proposal_delay" : 5000,
 8      "vote_delay" : 5000,
 9      "mst_enable" : false,
10      "mst_expiration_time" : 1440,
11      "max_rounds_delay": 3000,
12      "stale_stream_max_rounds": 2
13    }
```

2 行目は、**ブロック**を格納するディレクトリとして「/tmp/block_store/」を指定しています。

3 行目は、Torii が待ち受ける Port 番号として「50051」を指定しています。

4 行目は、Peer 同士が通信するための Port 番号として「10001」を指定しています。

5 行目は、**World State View**（後述）を格納している PostgreSQL と接続するための設定です。ネットワークアドレスには、「some-postgres」を指定しています。Docker のネットワークでは、コンテナ名がネットワークアドレス（コンピュータ名）となります。PostgreSQL が待ち受ける Port 番号として「5432」を指定し、PostgreSQL のユーザ名としては「postgres」を指定しています。ユーザ名「postgres」のパスワードとして「mysecretpassword」を指定しています。

6 行目以降は、Hyperledger Iroha ネットワークの通信パラメータです。ネットワーク環境をチューニングする際に変更します。

キーファイル（キーペア）

Hyperledger Iroha は、セキュリティ対策とて**公開鍵暗号方式**を通信や認証さらにブロックの生成に使用しています。公開鍵暗号方式は、**秘密鍵**（**Private key**）と**公開鍵**（**Public key**）を用意して、データの暗号化と復号（解読）を行います。秘密鍵と公開鍵をファイルに書き込んだものを**キーファイル**と呼びます。拡張子が「priv」が、秘密鍵です。拡張子が「pub」が、公開鍵です。ファイルの内容は、Chart 3-1-15 のように 16 進数です。

Chart 3-1-15 各キーファイルの内容

ファイル名	内容
node0.priv	cc5013e43918bd0e5c4d800416c88bed77892ff077929162bb03ead40a745e88
node0.pub	bddd58404d1315e0eb27902c5d7c8eb0602c16238f005773df406bc191308929
admin@test.priv	f101537e319568c765b2cc89698325604991dca57b9716b58016b253506cab70
admin@test.pub	313a07e6384776ed95447710d15e59148473ccfc052a681317a72a69f2a49910
test@test.priv	7e00405ece477bb6dd9b03a78eee4e708afc2f5bcdce399573a5958942f4a390
test@test.pub	716fe505f69f18511a1b083915aa9ff73ef36e6688199f3959750db38b8f4bfc

node0.priv ファイルと **node0.pub** ファイルが、Hyperledger Iroha の Peer で使用する**キーペ
ア**で、インストール時に作成されます。Peer の追加時に公開鍵（node0.pub ファイルの内容）を
指定しています。

　admin@test アカウントのキーペアとしては **admin@test.priv** ファイルと **admin@test.pub** ファ
イルを使用します。admin@test アカウントの作成時に公開鍵（admin@test.pub ファイルの内容）
を指定しています。

　test@test アカウントは、**test@test.priv** ファイルと **test@test.pub** ファイルを使用します。
test@test アカウントの作成時にも公開鍵（test@test.pub ファイルの内容）を指定しています。

　Hyperledger Iroha のキーペア（秘密鍵と公開鍵）は、**ED25519**（ツイストエドワーズ曲線を
用いたエドワーズ曲線電子署名アルゴリズム）方式で生成します。第 4 章で解説する **ed25519_
keygen.js** プログラムを実行して独自にキーペアを作成することが可能です。

《Advice》

> 執筆時ではキーファイルの内容は固定でした。インストールを繰り返しても
> 変化しません。セキュリティ面では留意してください。

ブロックストアとブロックファイル

　ブロックは、/tmp/block_store/ ディレクトリ（config.docker ファイルで指定）に格納されて
います。ブロックの置き場所なので、ブロックストアと呼びます。

　irohad プロセスの 1 回目の起動時にブロックストアと最初のブロック 0000000000000001 ファ
イルが作成されます。いくつかのトランザクションが発生するたびにブロックが作られます。ブ
ロックのファイル名は、1 つの Hyperledger Iroha ネットワーク内で連番であり、ユニークです。
Terminal 3-1-1 は、ブロックストアに 3 つのブロックファイルが存在している例です。

Terminal 3-1-1　ブロックストア（/tmp/block_store/ ディレクトリ）

```
 1   root@8787608e1bea:/opt/iroha_data# ls /tmp/block_store/ -l ─────┐
 2   total 12                                              コンテナ ID のプロンプトで実行
 3   -rw-r--r-- 1 root root 1845 Jun 19 09:37 0000000000000001 ─起動時に作られたブロック
 4   -rw-r--r-- 1 root root  845 Jun 25 09:44 0000000000000002 ─その後に作られたブロック
 5   -rw-r--r-- 1 root root  845 Jun 25 09:46 0000000000000003 ─その後に作られたブロック
```

　irohad プロセスを最初に起動する際に --genesis_block パラメータに **genesis.block** と指定し
ますが、これは genesis.block ファイルの内容でのトランザクションの実行を指定するものです。
実行されると、最初のトランザクションで作られるブロック 0000000000000001 ファイルが作成
されますが、結果的に内容は genesis.block ファイルと、ほぼ同じになります。

　genesis.block ファイルの解説は省いて、Chart 3-1-16 に最初のトランザクションで作られるブ
ロック 0000000000000001 ファイルの内容を紹介します。なお、この 0000000000000001 ファイ

ルは、オーム社ホームページよりダウンロードできる例題ファイル内にあります。

　ブロックファイルは、改行コードを含まない JSON 形式で記述されます。Chart 3-1-16 の行数は、人間が読みやすいように JSON 形式に合わせて改行を入れた場合のものです。

Chart 3-1-16 最初のブロック 0000000000000001 ファイルの概要

行数	項目	処理内容／パラメータ
9 ～ 16	addPeer	Peer の追加
	address	127.0.0.1:10001
	peerKey	bddd58404d1315e0eb27902c5d7c8eb0602c16238f005773df406bc191308929
17 ～ 39	createRole	ロールの作成（admin ロール）
	roleName	admin
	permissions	can_add_peer
		can_add_signatory
		can_create_account
		can_create_domain
		can_get_all_acc_ast
		can_get_all_acc_ast_txs
		can_get_all_acc_detail
		can_get_all_acc_txs
		can_get_all_accounts
		can_get_all_signatories
		can_get_all_txs
		can_get_blocks
		can_get_roles
		can_read_assets
		can_remove_signatory
		can_set_quorum
40 ～ 63	createRole	ロールの作成（user ロール）
	roleName	user
	permissions	can_add_signatory
		can_get_my_acc_ast
		can_get_my_acc_ast_txs
		can_get_my_acc_detail
		can_get_my_acc_txs
		can_get_my_account
		can_get_my_signatories
		can_get_my_txs
		can_grant_can_add_my_signatory
		can_grant_can_remove_my_signatory
		can_grant_can_set_my_account_detail

行数	項目	処理内容／パラメータ
40 ～ 63	permissions	can_grant_can_set_my_quorum
		can_grant_can_transfer_my_assets
		can_receive
		can_remove_signatory
		can_set_quorum
		can_transfer
64 ～ 74	createRole	ロールの作成（money_creator ロール）
	roleName	money_creator
	permissions	can_add_asset_qty
		can_create_asset
		can_receive
		can_transfer
75 ～ 80	createDomain	ドメインの作成（test ドメイン）
	domainId	test
	defaultRole	user
81 ～ 87	createAsset	アセットの作成（coin#test アセット）
	assetName	coin
	domainId	test
	precision	2
88 ～ 94	createAccount	アカウントの作成（admin@test アカウント）
	accountName	admin
	domainId	test
	publicKey	313a07e6384776ed95447710d15e59148473ccfc052a681317a72a69f2a49910
95 ～ 101	createAccount	アカウントの作成（test@test アカウント）
	accountName	test
	domainId	test
	publicKey	716fe505f69f18511a1b083915aa9ff73ef36e6688199f3959750db38b8f4bfc
102 ～ 107	appendRole	アカウントにロールを追加
	accountId	admin@test
	roleName	admin
108 ～ 113	appendRole	アカウントにロールを追加
	accountId	admin@test
	roleName	money_creator
121	height	ブロックチェーンの位置 1
122	prevBlockHash	ブロックのハッシュ値 0000000000000000000000000000000000000000000000000000000000000000

3

0000000000000001 ファイルの 121 行目の height には、この**ブロックのブロックチェーン内の**
位置が記載されています。最初のブロックなので、「1」です。

また、122 行目には、このブロックのハッシュ値が記載されています。ここではハッシュ値で
はなく、genesis.block ファイルで指定している「000000000000000000000000000000000000000
0000000000000000000000000」です。次のブロックからは、処理内容に応じたハッシュ値が記載
されます。

genesis.block ファイルによって構築された Hyperledger Iroha は次のようなイメージです。

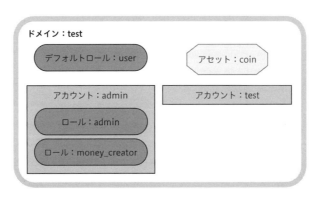

Chart 3-1-17 genesis.block ファイルで構築した Hyperledger Iroha のイメージ

admin@test アカウントと test@test アカウントには、test ドメインのデフォルトロールの user
ロールも付与されます。

3.1.5 some-postgres コンテナ PostgreSQL データベース World State View

some-postgres コンテナには、PostgreSQL データベースが稼働しています。PostgreSQL デー
タベースには、ブロックチェーン以外に保持しなければならない情報を格納しています。この
PostgreSQL データベースを **World State View** と呼びます。

World State View は、Hyperledger Iroha が自動的に操作しているので、Hyperledger Iroha 利
用者が直接操作することはありません。しかし、World State View の構造や格納データを知るこ
とによって、側面から Hyperledger Iroha を理解することが可能です。

World State View の役割

iroha コンテナには、Hyperledger Iroha のトランザクション（取引内容や設定内容）がブロッ
ク（ファイル）となり、ブロックストアに保存されます。ブロックが連なることによりブロック
チェーンを形成します。ブロックチェーンは、これまでの取引履歴や操作履歴のチェーンといえ
ます。

some-postgres コンテナの PostgreSQL データベースには、Hyperledger Iroha の現在（最新）
情報が格納されています。例えば、取引による現在の残高です。また、アカウント、アセット、

ロールなどの登録情報も PostgreSQL データベースに登録されています。

World State View の構造

World State View は、16 個のテーブルで構成されています。Hyperledger Iroha の最新情報が格納されており、Hyperledger Iroha に対する処理（トランザクション）に応じて更新されます。

以下は、some-postgres コンテナにアクセスした状態で行ってください。

Terminal 3-1-2 World State View のテーブル一覧

```
 1  postgres=# \dt;                                              ── psql でのテーブル一覧の表示
 2                      List of relations
 3   Schema |                Name                | Type  |  Owner
 4  --------+------------------------------------+-------+----------
 5   public | account                            | table | postgres
 6   public | account_has_asset                  | table | postgres
 7   public | account_has_grantable_permissions  | table | postgres
 8   public | account_has_roles                  | table | postgres
 9   public | account_has_signatory              | table | postgres
10   public | asset                              | table | postgres
11   public | domain                             | table | postgres
12   public | height_by_account_set              | table | postgres
13   public | index_by_creator_height            | table | postgres
14   public | peer                               | table | postgres
15   public | position_by_account_asset          | table | postgres
16   public | position_by_hash                   | table | postgres
17   public | role                               | table | postgres
18   public | role_has_permissions               | table | postgres
19   public | signatory                          | table | postgres
20   public | tx_status_by_hash                  | table | postgres
21  (16 rows)
```

実際の各テーブルの構造（列）と格納データを参照すると、どのようなデータが格納されているか一目でわかります。そこで、World State View の内容を解説します。

以下の各テーブルは一部を除いて、本書の「3.2　ターミナルによる操作」が終了した時点の World State View の内容です。数回のトランザクション失敗を交えています。

account テーブル

account テーブルは、アカウントを管理するためのテーブルです。**アカウント**（**account_id**）と**所属ドメイン**（**domain_id**）および**票数**（**quorum**）と**追加情報**（**data**）を格納しています。

Terminal 3-1-3 account テーブルの内容

```
 1  postgres=# select * from account; ──────────── psql での account テーブル一覧の表示
 2    account_id  | domain_id | quorum |              data
 3  -------------+-----------+--------+-------------------------------------------
 4   test@test   | test      |      1 | {}
 5   kanri@nihon | nihon     |      1 | {}
 6   tantou@nihon| nihon     |      1 | {}
 7   user@nihon  | nihon     |      1 | {}
 8   admin@test  | test      |      1 | {"admin@test": {"BD": "20190812", "Expires":
    "20200906"}}
 9  (5 rows)
```

　この例では、5 つのアカウントが格納されています。admin@test アカウントのみに追加情報
が data 列にセットされています。

account_has_asset テーブル

　account_has_asset テーブルは、アカウントごとのアセット別の**残高**を管理するためのテーブ
ルです。**アカウント ID**（**account_id**）と**アセット ID**（**asset_id**）と**残高**（**amount**）が格納さ
れています。

Terminal 3-1-4 account_has_asset テーブルの内容

```
 1  postgres=# select * from account_has_asset; ────── psql での account_has_asset
 2    account_id   |   asset_id   | amount              テーブルの表示
 3  --------------+--------------+---------
 4   kanri@nihon  | prepay#nihon | 90.05
 5   tantou@nihon | prepay#nihon | 10.5
 6   kanri@nihon  | ticket#nihon |   18
 7   tantou@nihon | ticket#nihon |    2
 8   kanri@nihon  | total#nihon  | 270.4
 9   tantou@nihon | total#nihon  | 30.1
10  (6 rows)
```

　この例では、6 つの残高情報が格納されています。アセットごとの残高を持っている場合のみ
データが格納されています。アカウント ID とアセット ID のマトリックスなので、1 アカウン
トに対してアセットごとに残高を管理できます。

account_has_grantable_permissions テーブル

account_has_grantable_permissions テーブルは、他のアカウントに対して付与した権限を管理するためのテーブルです。権限を付与したアカウント ID（permittee_account_id）と元の許可したアカウント ID（account_id）と付与した権限（permission）を格納しています。

Terminal 3-1-5 account_has_grantable_permissions テーブルの内容

```
1  postgres=# select * from account_has_grantable_permissions;   ── psqlでのaccount_has_
2   permittee_account_id | account_id | permission                   grantable_permissions
3  ----------------------+------------+------------                  テーブルの表示
4  (0 rows)
```

この例では、何も登録されていません。

account_has_roles テーブル

account_has_roles テーブルは、アカウントごとに設定されたロールを管理するテーブルです。アカウント ID（account_id）とロール名（role_id）のみのシンプルな構造です。

Terminal 3-1-6 account_has_roles テーブルの内容

```
1  postgres=# select * from account_has_roles;   ──────── psql での account_has_roles
2    account_id  |    role_id                              テーブルの表示
3  --------------+---------------
4   admin@test   | user
5   test@test    | user
6   admin@test   | admin
7   admin@test   | money_creator
8   kanri@nihon  | money_creator
9   tantou@nihon | money_creator
10  user@nihon   | money_creator
11 (7 rows)
```

この例では、7つのロール設定情報が記録されています。

user ロールは、test ドメインのデフォルトのロールなので、admin@test アカウントと test@test に自動的に付与されます。

また、money_creator ロールは、nihon ドメインのデフォルトのロールなので、kanri@nihon アカウントと tantou@nihon と user@nihon アカウントに自動的に付与されます。

独自に付与されたロールは、admin@test アカウントの admin ロールと money_creator ロールだけです。

account_has_signatoryテーブル

　account_has_signatory テーブルは、アカウントごとの公開鍵（サイン）を管理するテーブルです。**アカウント ID**（**account_id**）**と公開鍵**（**public_key**）だけのシンプルな構造です。

Terminal 3-1-7　account_has_signatory テーブルの内容

```
1  postgres=# select * from account_has_signatory;        psqlでのaccount_has_signatory
2    account_id  |                         public_key      テーブルの表示
3  --------------+------------------------------------------------------------------
4   admin@test  | 313a07e6384776ed95447710d15e59148473ccfc052a681317a72a69f2a49910
5   test@test   | 716fe505f69f18511a1b083915aa9ff73ef36e6688199f3959750db38b8f4bfc
6   kanri@nihon | cb51d458e1031c6a3bc4c1f81baca6ef043893b30c0ae89458432124a97ec02e
7   tantou@nihon| 94a53212a5deb227eadc135ddee911644e21a25bed30576d0604e256a09ed1e2
8   user@nihon  | c1a418fe14f99cc5dcfab88773b2ee9f5710478a585d30763db68e8cb2737e90
9  (5 rows)
```

　この例では、5つのアカウントと公開鍵が登録されています。

assetテーブル

　asset テーブルは、アセットを管理するテーブルです。**アセット ID**（**asset_id**）**とドメイン名**（**domain_id**）**と精度**（**precision**）**と追加情報**（**data**）を格納しています。精度とは、小数点以下の桁数です。

Terminal 3-1-8　asset テーブルの内容

```
1  postgres=# select * from asset;                      psql での asset テーブルの表示
2    asset_id   | domain_id | precision | data
3  -------------+-----------+-----------+--------
4   coin#test   | test      |         2 |
5   prepay#nihon| nihon     |         2 |
6   ticket#nihon| nihon     |         0 |
7   total#nihon | nihon     |         1 |
8  (4 rows)
```

　この例では、4つのアセットが登録されています。アセットの追加情報（data）をセットする機能は実装されていません。

domainテーブル

　domain テーブルは、ドメインを管理するためのテーブルです。**ドメイン名**（**domain_id**）と デフォルトのロール名（**default_role**）を格納しています。

Terminal 3-1-9 domain テーブルの内容

```
1  postgres=# select * from domain;───────────── psql での domain テーブルの表示
2   domain_id | default_role
3  -----------+----------------
4   test      | user
5   nihon     | money_creator
6  (2 rows)
```

この例では、2つのドメインとデフォルトロールが登録されています。

height_by_account_set テーブル

height_by_account_set テーブルは、ブロック別に関連するアカウントを管理するテーブルです。**アカウント ID**（account_id）とトランザクションが格納されている**ブロック位置**（height）を格納しています。つまり、height には、ブロックストア内に順番に作成されたブロックのファイル名が格納されます。

最初のブロック（height=1）は、irohad プロセスが genesis.block ファイルを参照して作成しているので、アカウント ID（account_id）がありません。

また、アセットの転送の場合、1 トランザクションで、作成（指示）アカウントと転送元アカウントと転送先アカウントが記録され、同じ**ブロック位置**（height）となります。

Terminal 3-1-10 height_by_account_set テーブルの内容

```
1  postgres=# select * from height_by_account_set; ──── psql での height_by_account_set
2   account_id  | height                                テーブルの表示
3  -------------+---------
4               | 1
5   admin@test  | 2
6   admin@test  | 3
7   admin@test  | 6
8   admin@test  | 8
9   admin@test  | 9
10  kanri@nihon | 10
11  kanri@nihon | 11
12  kanri@nihon | 11
13  tantou@nihon | 11
14  kanri@nihon | 11
15  tantou@nihon | 11
16  kanri@nihon | 11
17  tantou@nihon | 11
18  (14 rows)
```

この例では、14件が記録されています。後半の7件は、kanri@nihon アカウントが3件の転送を行ったためにすべて同じブロック位置となります。

index_by_creator_heightテーブル

index_by_creator_height テーブルは、ブロックを作成したアカウントを連番で管理するテーブルです。連番（id）とブロックを作成した**アカウントID（creator_id）**と**ブロック位置（height）**と**インデックス（index）**が格納されています。こちらも最初のブロック（height=1）は、アカウントID（creator_id）がありません。

Terminal 3-1-11 index_by_creator_height テーブルの内容

```
 1  postgres=# select * from index_by_creator_height; ──────  psql での index_by_creator_
 2   id | creator_id  | height | index                               height テーブルの表示
 3  ----+-------------+--------+------
 4    1 |             | 1      | 0
 5    2 | admin@test  | 2      | 0
 6    3 | admin@test  | 3      | 0
 7    4 | admin@test  | 6      | 0
 8    5 | admin@test  | 8      | 0
 9    6 | admin@test  | 9      | 0
10    7 | kanri@nihon | 10     | 0
11    8 | kanri@nihon | 11     | 0
12  (8 rows)
```

この例では、8件のブロックを作成したアカウントとブロック位置が記録されています。ブロック位置に欠番があるのは、何らかの理由（対象が見つからない場合や権限不足）で処理できなかったトランザクション情報を記録するブロックの存在です。

peerテーブル

peer テーブルは、Peer の情報を管理するテーブルです。**公開鍵（public_key）**とアドレス＋ポート番号（address）を格納します。Terminal 3-1-12 に示す peer テーブルの内容は、3つの Peer が存在する環境で採取しました。3つの Peer が存在する場合には、このように3行のデータが格納されます。

Terminal 3-1-12 peer テーブルの内容（3つの Peer 構成の場合）

```
 1  postgres=# select * from peer; ───────────────────────  psql での peer テーブルの表示
 2                            public_key                            |    address
 3  ----------------------------------------------------------------+--------------
 4   bddd58404d1315e0eb27902c5d7c8eb0602c16238f005773df406bc191308929 | iroha:10001
```

```
5    42b86a5b5eef5146ae9fc4191ece5cfb23c650be2b291200e6dc4fe34aa5638e | iroha1:10001
6    3b3f83ca158a4ca2aaf6e6bfedc976ead0753f4ce466f78504f3509d121ffe8a | iroha2:10001
7    (3 rows)
```

この例では、3つの Peer が登録されています。Docker 環境では、コンテナ名がネットワークアドレスとして設定できます。

position_by_account_assetテーブル

position_by_account_asset テーブルは、アセットの転送を管理するテーブルです。**アカウント ID**（account_id）と**アセット ID**（asset_id）と**ブロック位置**（height）と**インデックス**（index）を格納しています。

Terminal 3-1-13　position_by_account_asset テーブルの内容

```
1    postgres=# select * from position_by_account_asset; ─ psql での position_by_account_
2     account_id  |   asset_id    | height | index      asset テーブルの表示
3    --------------+---------------+--------+-------
4     kanri@nihon  | prepay#nihon  | 11     | 0
5     kanri@nihon  | prepay#nihon  | 11     | 0
6     tantou@nihon | prepay#nihon  | 11     | 0
7     kanri@nihon  | ticket#nihon  | 11     | 0
8     kanri@nihon  | ticket#nihon  | 11     | 0
9     tantou@nihon | ticket#nihon  | 11     | 0
10    kanri@nihon  | total#nihon   | 11     | 0
11    kanri@nihon  | total#nihon   | 11     | 0
12    tantou@nihon | total#nihon   | 11     | 0
13    (9 rows)
```

この例では、9件の記録となっています。1回の転送で、転送元アカウントと転送先アカウントと命令アカウントが記録されます。3回の転送処理がこの9件となります。ブロック位置は、すべて11なので、一括処理（1回のトランザクション）されたものであることがわかります。

position_by_hashテーブル

position_by_hash テーブルは、成功したトランザクションを格納しているブロックごとのハッシュ値を管理するテーブルです。**ハッシュ値**（hash）と**ブロック位置**（height）と**インデックス**（index）を格納しています。

position_by_hash テーブルの内容

```
 1  postgres=# select * from position_by_hash;  ─psql での position_by_hash テーブルの表示
 2                         hash                          | height | index
 3  ------------------------------------------------------------------+--------+-------
 4  e0129f7b1a6395d5c25f0618d55386165504e82e01297097f58713df1047cc00 | 1      | 0
 5  93d6df96370b3d0159a70d2f29cfe71ab3048fa24435c2f5fb5bf7fd7c1f6e99 | 2      | 0
 6  4cb56472339b3025623db3ad78e1c1df17b7def8a7bc092a1f8bbbc5b1194bea | 3      | 0
 7  d5ced7e13d78513f0f8ac8e68f75f79121a7a894f3b3221eae89e95a405cc656 | 6      | 0
 8  fb95f7411e0e29bd287a9a4fdd5a98d3fb6fc7909341b531b63938ec2a3cc3f6 | 8      | 0
 9  d41b0ca7122120067290fb3eb4719edefc2fe9994869eb64f50c6c26c6e53d55 | 9      | 0
10  f9212a6819c387d4ba657ae810457ea4c87d67598867f76aa298238d70d5d476 | 10     | 0
11  73c6179477b54b0842c6005cd75c52e388a28650f6df92da9cb8a55f461cd46c | 11     | 0
12  (8 rows)
```

　この例では、8件の記録となっています。**成功しなかったトランザクション**のハッシュ値
（rejectedTransactionsHashes）は、記録されません。後述する tx_status_by_hash テーブルには、
成功しなかったトランザクションも含めて記録されています。この例では、ブロックファイルは、
0000000000000001 から 0000000000000011 まで存在します。

《Memo》

> ハッシュ値は実行のたびに変化します。そのため、position_by_hash テーブ
> ルのハッシュ値（hash）は、環境ごとに異なります。

roleテーブル

　role テーブルは、ロールを管理するテーブルです。格納しているのは、**ロール名**（**role_id**）
だけです。各ロールの権限は、role_has_permissions テーブルに格納されています。

role テーブルの内容

```
 1  postgres=# select * from role;  ────────────────── psql での role テーブルの表示
 2     role_id
 3  ---------------
 4   admin
 5   user
 6   money_creator
 7  (3 rows)
```

　この例では、3つのロール名が登録されています。

role_has_permissions テーブル

role_has_permissions テーブルは、ロールごとの権利を管理するテーブルです。**ロール名（role_id）** と**権利（permission）** のシンプルな内容です。

Terminal 3-1-16 role_has_permissions テーブルの内容

```
1   postgres=# select * from role_has_permissions; ─── psql での role_has_permissions
2      role_id   |                  permission                          テーブルの表示
3   --------------+-------------------------------------------------------
4    admin        | 00100000100100100100100100101110000111110011
5    user         | 00011111010010010010010010100011000111000000
6    money_creator | 00000000000000000000000000000011100000011000
7   (3 rows)
```

この例では、3つのロール名と集約されている権限がバイナリ形式（0なし、1あり）で登録されています。

signatory テーブル

signatory テーブルは、公開鍵を管理しています。格納しているのは、公開鍵（public_key）だけです。

Terminal 3-1-17 signatory テーブルの内容

```
1   postgres=# select * from signatory; ─── psql での signatory テーブルの表示
2                        public_key
3   --------------------------------------------------------------------
4    313a07e6384776ed95447710d15e59148473ccfc052a681317a72a69f2a49910
5    716fe505f69f18511a1b083915aa9ff73ef36e6688199f3959750db38b8f4bfc
6    cb51d458e1031c6a3bc4c1f81baca6ef043893b30c0ae89458432124a97ec02e
7    94a53212a5deb227eadc135ddee911644e21a25bed30576d0604e256a09ed1e2
8    c1a418fe14f99cc5dcfab88773b2ee9f5710478a585d30763db68e8cb2737e90
9   (5 rows)
```

この例では、5件の公開鍵が登録されています。

tx_status_by_hash テーブル

tx_status_by_hash テーブルは、すべてのトランザクションの成功／失敗を記録するテーブルです。トランザクションのハッシュ値（hash）と状態（status）を格納します。状態（status）は、有効（t:true）／無効（f:fales）で表します。

```
 1  postgres=# select * from tx_status_by_hash;     psql でのtx_status_by_hashテーブルの表示
 2                              hash                              | status
 3  --------------------------------------------------------------+--------
 4  e0129f7b1a6395d5c25f0618d55386165504e82e01297097f58713df1047cc00 | t
 5  93d6df96370b3d0159a70d2f29cfe71ab3048fa24435c2f5fb5bf7fd7c1f6e99 | t
 6  4cb56472339b3025623db3ad78e1c1df17b7def8a7bc092a1f8bbbc5b1194bea | t
 7  2fe0415f5e2cc8b19778ec37c40a502efb27e732c608357fa27213e936ed6a21 | f
 8  cb05150d587acdb94aa8c69c72e8dbf9b53fb8938ad05a89e5d856c3072f92d4 | f
 9  d5ced7e13d78513f0f8ac8e68f75f79121a7a894f3b3221eae89e95a405cc656 | t
10  a5e13050129b0b6d088db7e83d73dd28387cfbcaabe837c0278eeb3983f07932 | f
11  fb95f7411e0e29bd287a9a4fdd5a98d3fb6fc7909341b531b63938ec2a3cc3f6 | t
12  d41b0ca7122120067290fb3eb4719edefc2fe9994869eb64f50c6c26c6e53d55 | t
13  f9212a6819c387d4ba657ae810457ea4c87d67598867f76aa298238d70d5d476 | t
14  73c6179477b54b0842c6005cd75c52e388a28650f6df92da9cb8a55f461cd46c | t
15  (11 rows)
```

この例では、11 件のブロックのハッシュ値と結果が記録されていて、3 つのブロックが無効（f: fales）となっています。

《Memo》

ハッシュ値は実行のたびに変化します。そのため、tx_status_by_hash テーブルのハッシュ値（hash）は、環境ごとに異なります。

3.1.6 Hyperledger Iroha の操作方法

Hyperledger Iroha を操作する方法には、iroha-cli コマンドとクライアント API ライブラリの 2 つがあります。それぞれの特徴を解説します。

ターミナルから操作：iroha-cli コマンド

Hyperledger Iroha では、ターミナルから対話形式で Hyperledger Iroha プロセスに命令の送信と結果の表示を行えます。このときに使用するのが **iroha-cli** コマンドです。

3.2 節では、iroha-cli コマンドを使用した Hyperledger Iroha の操作を説明します。

プログラムから操作：クライアントAPIライブラリ

Hyperledger Iroha は、さまざまなプログラミング言語から操作できるように、プログラミング言語別の **API**（Application Programming Interface）を用意しています。本書の執筆時点では、Java ／ Python ／ Swift（iOS）／ JavaScript の計 4 種類のクライアント API ライブラリが提供されています。

なお、第4章では、JavaScript 用のクライアント API ライブラリを使用して、Hyperledger Iroha の操作を説明します。

3.2 ターミナルによる操作（iroha-cli コマンド）

以下、iroha-cli コマンドを使用して Hyperledger Iroha を実際に操作します。ブロックチェーンの本質である Hyperledger Iroha の特徴であるドメインとアカウントの作成およびアセットの操作（作成／加算／転送）を行います。

3.2.1 iroha-cli コマンドの概要

iroha-cli コマンドは、パラメータと組み合わせることにより、ほぼすべての Hyperledger Iroha の機能を対話形式で利用できます。iroha-cli コマンドは、処理内容に応じてメニューやメッセージが表示されます。テキストベースであるため、メニューについては表示されたメニュー番号、メッセージに対してはメッセージが要求する内容を入力します。

iroha-cli コマンドのパラメータ

iroha-cli コマンドを起動する際には、目的の動作を指定するためのパラメータを指定します。iroha-cli コマンドの主なパラメータは、Chart 3-2-1 に示す 3 つです。

Chart 3-2-1 　iroha-cli コマンドの主なパラメータ

パラメータ	内容	設定例	デフォルト値
-account_name	接続アカウント	admin@test	―
-peer_ip	接続 Peer のアドレス	peer1	0.0.0.0
-torii_port	接続 Peer のポート番号	1234	50051

必ず、-account_name パラメータで、iroha-cli コマンドを実行するアカウント ID を指定します。

Terminal 3-2-1 では、1 行目でコンテナにアクセスし、2 行目で iroha-cli コマンドを起動しています。新しいターミナルを使用してもかまいません。

ローカル（その PC 自身）の Peer に iroha-cli コマンドから接続する場合は、-peer_ip パラメータや -torii_port パラメータの指定は不要です。

Terminal 3-2-1 　iroha-cli コマンドの起動例
（ローカルの Hyperledger Iroha に admin@test アカウントで接続）

```
1  ~$ sudo docker exec -it iroha /bin/bash ───────── iroha コンテナへのアクセス（接続）
2  root@8787608e1bea:/opt/iroha_data# iroha-cli -account_name admin@test ─┐
             コンテナ ID のプロンプト上で、iroha-cli コマンドを admin@test アカウントで起動
```

ローカル以外の Peer に接続する場合には、-peer_ip パラメータと -torii_port パラメータを指定します。

iroha-cli コマンドの流れ

Top メニューから 3 つのサブメニューに分かれます。サブメニューの 1 行が、それぞれ 1 つの操作となります（Chart 3-2-2）。

Top メニューには、終了のメニューはありません。終了する場合には、Ctrl + C をキーインします。iroha-cli コマンドは、いつでも Ctrl + C をキーインすれば終了できます。途中で終了した場合、Hyperledger Iroha に送信していない命令は、破棄されます。

サブメニューを選択すると、それぞれの操作ごとの入力を行います。Peer に送信されて、結果がターミナル出力されます。操作と入力値を JSON ファイルに記録することも可能です。

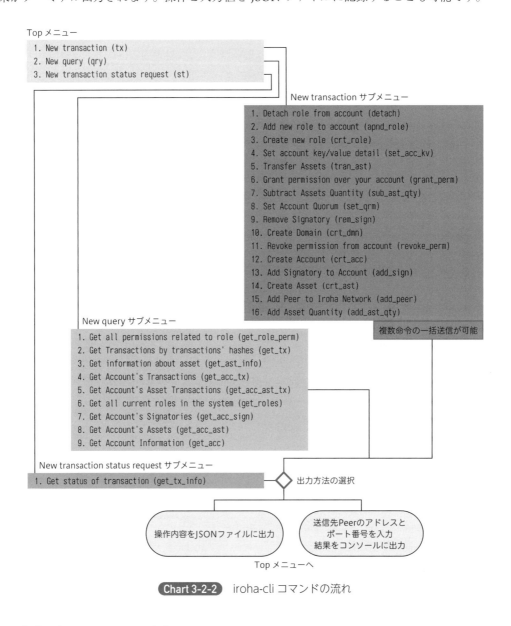

Chart 3-2-2 iroha-cli コマンドの流れ

New transaction サブメニューを使用すると、複数の命令を1つにまとめて送信でき、トランザクション処理されて1つのブロックにまとめて収容されます。

iroha-cli コマンドの Top メニュー

iroha-cli コマンドの Top メニューは、1〜3の3項目です。選択をするとそれぞれのサブメニューが表示されます。各サブメニューの操作終了後には、この Top メニューに戻ります。

```
Welcome to Iroha-Cli.
Choose what to do:
1. New transaction (tx)
2. New query (qry)
3. New transaction status request (st)
> :
```

1つ目が、「New transaction (tx)」サブメニューです。**Transaction**（**トランザクション**）とは、Hyperledger Iroha に対しての更新処理全般です。例えば、アセットの追加／転送／減算などの取引です。また、アカウントの追加などもトランザクションとなります。New transaction サブメニューを実行すると Peer にトランザクションが送信されます。Peer は、受信したトランザクションに問題がなければ、ブロックが自動的に追加されてトランザクション内容が記録されます。

2つ目が、「New query (qry)」サブメニューです。Hyperledger Iroha の情報を得るための機能です。New query サブメニューを実行してもブロックは追加されません。

3つ目は、「New transaction status request (st)」です。New transaction サブメニューによるトランザクションが Hyperledger Iroha に送信されると、そのたびにハッシュ値が発行され、ターミナルに表示されます。New transaction status request サブメニューは、トランザクションごとのハッシュ値を入力して、トランザクションの結果を確認できます。New transaction status request サブメニューを実行してもブロックは追加されません。

New transaction サブメニュー（Command：命令）

New transaction サブメニューには、16種類のサブメニューがあります。ターミナル上では、「1. Detach role from account (detach)」のように対応する API 名が（）内に記述されています。各サブメニューは、クライアント API ライブラリの **Command**（**命令**）に対応します。

Chart 3-2-3　New transaction サブメニューの内容

	New transaction サブメニュー	対応 API	命令内容
1	Detach role from account	detach	アカウントからロールを削除
2	Add new role to account	apnd_role	アカウントへロールを追加
3	Create new role	crt_role	ロールを作成
4	Set account key/value detail	set_acc_kv	アカウントへ情報を追加
5	Transfer Assets	tran_ast	アセットの転送
6	Grant permission over your account	grant_perm	他のアカウントへの権限追加
7	Subtract Assets Quantity	sub_ast_qty	アセットの減算
8	Set Account Quorum	set_qrm	アカウントの票数をセット
9	Remove Signatory	rem_sign	アカウントの公開鍵を削除
10	Create Domain	crt_dmn	ドメインを作成
11	Revoke permission from account	revoke_perm	他のアカウントから権限の削除
12	Create Account	crt_acc	アカウントを作成
13	Add Signatory to Account	add_sign	アカウントの公開鍵を追加
14	Create Asset	crt_ast	アセットを作成
15	Add Peer to Iroha Network	add_peer	Peer を追加
16	Add Asset Quantity	add_ast_qty	アセットを加算
0	Back	—	Top メニューへ戻る

New transaction サブメニューの「0」は、Top メニューに戻ります。

各 New transaction サブメニューを選択して、入力が終了すると Command is formed メニューが表示されます。連続して New transaction サブメニューを実行することが可能です。この場合、Peer 側で1つのブロックにまとめられます。また、トランザクションを Peer に送信するか JSON 形式ファイルに保存するかを選択します。

Chart 3-2-4　Command is formed メニューの内容

	Command is formed メニュー	命令内容
1	Add one more command to the transaction (add)	連続して New transaction サブメニューを実行
2	Send to Iroha peer (send)	トランザクションを Peer に送る（送信先 Peer を入力）
3	Go back and start a new transaction (b)	New transaction サブメニューへ戻る（トランザクションは破棄）
4	Save as json file (save)	指示内容を JSON 形式ファイルに保存（ファイル名を入力）

New query サブメニュー（Query：問い合わせ）

New query サブメニューには、9種類のサブメニューがあります。各サブメニューは、クライアント API ライブラリの Query（問い合わせ）に対応します。いずれも情報を表示するだけで、ブロックチェーンは増加しません。

Chart 3-2-5 New query サブメニューの内容

	New query サブメニュー	対応 API	表示内容
1	Get all permissions related to role	get_role_perm	ロールの権限一覧
2	Get Transactions by transactions' hashes	get_tx	トランザクション（ハッシュ値による検索）
3	Get information about asset	get_ast_info	アセットの情報
4	Get Account's Transactions	get_acc_tx	トランザクション（アカウントによる検索）
5	Get Account's Asset Transactions	get_acc_ast_tx	トランザクション（アカウントとアセットによる検索）
6	Get all current roles in the system	get_roles	ロール一覧
7	Get Account's Signatories	get_acc_sign	アカウントの公開鍵
8	Get Account's Assets	get_acc_ast	アセット残高（アカウントとアセットによる検索）
9	Get Account Information	get_acc	アカウントの情報
0	Back	―	Top メニューへ戻る

New query サブメニューの「0」は、Top メニューに戻ります。

各 New query サブメニューを選択して、入力が終了すると Query is formed メニューが表示されます。問い合わせ内容を Peer に送信するか JSON 形式ファイルに保存するかを選択します。

Chart 3-2-6 Query is formed メニューの内容

	Query is formed メニュー	命令内容
1	Send to Iroha peer (send)	問い合わせを Peer に送る（送信先 Peer を入力）
2	Save as json file (save)	指示内容を JSON 形式ファイルに保存（ファイル名を入力）
0	Back (b)	New query サブメニューへ戻る（問い合わせは破棄）

New transaction status request サブメニュー（トランザクション結果）

New transaction status request サブメニューには、Get status of transaction だけがあり、クライアント API ライブラリの Query（問い合わせ）の get_tx_info に対応します。

Get status of transaction は、入力されたハッシュ値に対応するトランザクションのステータス「Transaction was successfully committed.」（確約：成功）または「Transaction has been rejected.」（拒否：失敗）を表示します。

Chart 3-2-7 New transaction status request サブメニューの内容

	New transaction status request サブメニュー	対応 API	表示内容
1	Get status of transaction	get_tx_info	トランザクションのステータス
0	Back	―	Top メニューへ戻る

New transaction status request サブメニューの「0」は、Top メニューに戻ります。

トランザクションのハッシュ値の入力が終了すると Tx hash is saved メニューが表示されます。トランザクションのハッシュ値を Peer に送信するか JSON 形式ファイルに保存するかを選択します。

Chart 3-2-8 Tx hash is saved メニューの内容

	Tx hash is saved メニュー	命令内容
1	Send to Iroha peer (send)	問い合わせを Peer に送る（送信先 Peer を入力）
2	Save as json file (save)	指示内容を JSON 形式ファイルに保存（ファイル名を入力）
0	Back (b)	New transaction status request サブメニューへ戻る

3.2.2 情報確認（New query サブメニュー①）

iroha-cli コマンドの New query サブメニューを使用すると、Hyperledger Iroha に登録されている各種の情報が得られます。

ここでは、New query サブメニューを使用して、第 2 章で構築した Hyperledger Iroha の設定内容を確認します。

ロールに集約されている権限一覧

New query サブメニューの「6. Get all current roles in the system (get_roles)」を使用すると、登録されているロールの一覧を表示できます。これは、2.3.2 項で Iroha の各プロセスの動作確認をする際に使用した機能です。

New query サブメニューの「1. Get all permissions related to role (get_role_perm)」を使用すると、指定したロールに集約されている権限を確認できます。各ロールの権限の過不足を確認する場面で使用します。

iroha-cli コマンドは、ロールの参照権限（can_get_roles）を持つ admin@test アカウントなどで起動します。ターミナルでの操作は、次のとおりです。

Terminal 3-2-2 admin ロールに付与されている権限を一覧表示する操作ログ

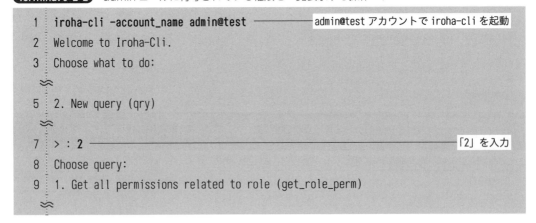

```
 1  iroha-cli -account_name admin@test ──────────  admin@test アカウントで iroha-cli を起動
 2  Welcome to Iroha-Cli.
 3  Choose what to do:
 ≋
 5  2. New query (qry)
 ≋
 7  > : 2 ─────────────────────────────────────────────────  「2」を入力
 8  Choose query:
 9  1. Get all permissions related to role (get_role_perm)
 ≋
```

```
19   > : 1 ─────────────────────────────────────────── メニューの「1」を入力
20   Requested role name: admin ──────────────── 確認するロール名の「admin」を入力
21   Query is formed. Choose what to do:
22   1. Send to Iroha peer (send)
≋
25   > : 1 ─────────────────────────────────────────── メニューの「1」を入力
26   Peer address (0.0.0.0): ──────────────────────────── このまま改行する
27   Peer port (50051): ──────────── このまま改行する（権限の一覧が表示される）
28   [2019-07-14 10:51:46.557359391][I][CLI/ResponseHandler/Query]:  can_add_peer
29   [2019-07-14 10:51:46.557369799][I][CLI/ResponseHandler/Query]:  can_add_signatory
30   [2019-07-14 10:51:46.557372416][I][CLI/ResponseHandler/Query]:  can_remove_
     signatory
31   [2019-07-14 10:51:46.557374700][I][CLI/ResponseHandler/Query]:  can_set_quorum
32   [2019-07-14 10:51:46.557376967][I][CLI/ResponseHandler/Query]:  can_create_
     account
33   [2019-07-14 10:51:46.557379274][I][CLI/ResponseHandler/Query]:  can_create_domain
34   [2019-07-14 10:51:46.557381667][I][CLI/ResponseHandler/Query]:  can_read_assets
35   [2019-07-14 10:51:46.557383896][I][CLI/ResponseHandler/Query]:  can_get_roles
36   [2019-07-14 10:51:46.557386152][I][CLI/ResponseHandler/Query]:  can_get_all_
     accounts
37   [2019-07-14 10:51:46.557388433][I][CLI/ResponseHandler/Query]:  can_get_all_
     signatories
38   [2019-07-14 10:51:46.557390689][I][CLI/ResponseHandler/Query]:  can_get_all_acc_
     ast
39   [2019-07-14 10:51:46.557392927][I][CLI/ResponseHandler/Query]:  can_get_all_acc_
     detail
40   [2019-07-14 10:51:46.557395337][I][CLI/ResponseHandler/Query]:  can_get_all_acc_
     txs
41   [2019-07-14 10:51:46.557397601][I][CLI/ResponseHandler/Query]:  can_get_all_acc_
     ast_txs
42   [2019-07-14 10:51:46.557399880][I][CLI/ResponseHandler/Query]:  can_get_all_txs
43   [2019-07-14 10:51:46.557402082][I][CLI/ResponseHandler/Query]:  can_get_blocks
```

　admin ロールには、上から「can_add_peer」「can_add_signatory」「can_remove_signatory」「can_set_quorum」「can_create_account」「can_create_domain」「can_read_assets」「can_get_roles」「can_get_all_accounts」「can_get_all_signatories」「can_get_all_acc_ast」「can_get_all_acc_detail」「can_get_all_acc_txs」「can_get_all_acc_ast_txs」「can_get_all_txs」「can_get_blocks」の 16 種類の権限が付与（設定）されています。

アセットの情報の表示

New query サブメニューの「3. Get information about asset (get_ast_info)」を使用すると、
coin#test アセットなどの情報が確認できます。アセットの精度などを確認する場面で使用しま
す。

iroha-cli コマンドは、**アセット**の参照権限（can_read_assets）を持つ admin@test アカウント
などで起動します。ターミナルでの操作は、次のとおりです。

Terminal 3-2-3　coin#test アセットの情報を表示する操作ログ

```
 1  iroha-cli -account_name admin@test ──────────  admin@test アカウントで iroha-cli を起動
 2  Welcome to Iroha-Cli.
 3  Choose what to do:
 ≋
 5  2. New query (qry)
 ≋
 7  > : 2 ─────────────────────────────────  メニューの「2」を入力
 8  Choose query:
 ≋
10  3. Get information about asset (get_ast_info)
 ≋
19  > : 3 ─────────────────────────────────  メニューの「3」を入力
20  Requested asset Id: coin#test ──────────  情報を見たいアセット（coin#test）を入力
21  Query is formed. Choose what to do:
22  1. Send to Iroha peer (send)
 ≋
25  > : 1 ─────────────────────────────────  メニューの「1」を入力
26  Peer address (0.0.0.0): ───────────────  このまま改行する
27  Peer port (50051): ────────────  このまま改行する（アセットの情報が表示される）
28  [2019-07-14 11:01:03.264602667][I][CLI/ResponseHandler/Query]: [Asset]
29  [2019-07-14 11:01:03.264634608][I][CLI/ResponseHandler/Query]: -Asset Id-
    coin#test
30  [2019-07-14 11:01:03.264637366][I][CLI/ResponseHandler/Query]: -Domain- test
31  [2019-07-14 11:01:03.264639708][I][CLI/ResponseHandler/Query]: -Precision- 2
```

アセットの情報は、Asset Id、Domain、Precision（精度：小数点以下の桁数）の 3 種類です。

Chart 3-2-9 coin#test アセットの情報

項目	表示	内容
Asset Id	coin#test	アセット ID
Domain	test	所属ドメイン
Precision	2	小数点以下の桁数

アカウントの情報の表示

New query サブメニューの「9. Get Account Information (get_acc)」を使用すると、admin@test アカウントの情報を表示できます。アカウントに設定されているロールと詳細情報を確認する場面で使用します。

iroha-cli コマンドは、**アカウント**の参照権限（can_get_all_accounts / can_get_all_acc_detail）も持つ admin@test アカウントなどで起動します。ターミナルでの操作は、次のとおりです。

Terminal 3-2-4 admin@test アカウントの情報を表示する操作ログ

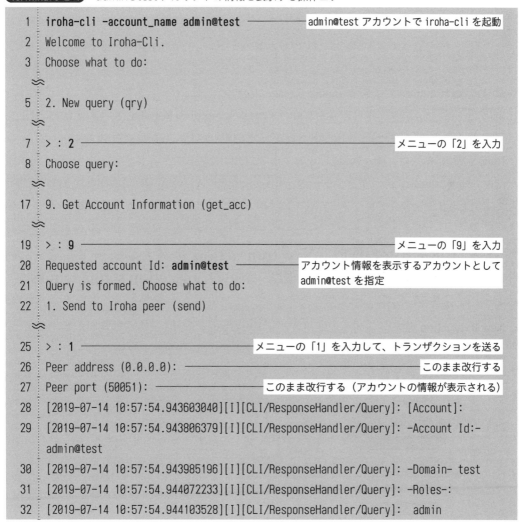

```
 1  iroha-cli -account_name admin@test ──────── admin@test アカウントで iroha-cli を起動
 2  Welcome to Iroha-Cli.
 3  Choose what to do:
 ≋
 5  2. New query (qry)
 ≋
 7  > : 2 ──────────────────────────────────── メニューの「2」を入力
 8  Choose query:
 ≋
17  9. Get Account Information (get_acc)
 ≋
19  > : 9 ──────────────────────────────────── メニューの「9」を入力
20  Requested account Id: admin@test ────── アカウント情報を表示するアカウントとして
21  Query is formed. Choose what to do:       admin@test を指定
22  1. Send to Iroha peer (send)
 ≋
25  > : 1 ──────────────────── メニューの「1」を入力して、トランザクションを送る
26  Peer address (0.0.0.0): ────────────────────── このまま改行する
27  Peer port (50051): ──────── このまま改行する（アカウントの情報が表示される）
28  [2019-07-14 10:57:54.943603040][I][CLI/ResponseHandler/Query]: [Account]:
29  [2019-07-14 10:57:54.943806379][I][CLI/ResponseHandler/Query]: -Account Id:-
    admin@test
30  [2019-07-14 10:57:54.943985196][I][CLI/ResponseHandler/Query]: -Domain- test
31  [2019-07-14 10:57:54.944072233][I][CLI/ResponseHandler/Query]: -Roles-:
32  [2019-07-14 10:57:54.944103528][I][CLI/ResponseHandler/Query]:  admin
```

```
33   [2019-07-14 10:57:54.944199286][I][CLI/ResponseHandler/Query]:  money_creator
34   [2019-07-14 10:57:54.944249234][I][CLI/ResponseHandler/Query]:  user
35   [2019-07-14 10:57:54.944329661][I][CLI/ResponseHandler/Query]: -Data-: {}
```

アカウントの情報は、Account Id（アカウント ID）、Domain（所属ドメイン）、Roles（ロール）、Data（詳細情報：Detail）の 4 種類です。

Chart 3-2-10　admin@test アカウントの情報

項目	表示	内容
Account Id	admin@test	アカウント ID
Domain	test	所属ドメイン
Roles	admin money_creator user	付与されているロール ＊ user ロールは test ドメインのデフォルトロール
Data	{}	ここでは、詳細情報（key-Value 形式）は未設定

ロールについては、所属ドメインのデフォルトのロールも含めて表示されます。test ドメインは、デフォルトのロールが user ロールです。そのため、admin@test アカウントに付与されているロールは、admin ロールと money_creator ロールと user ロールになります。Hyperledger Iroha の権限設定はすべて許可を与えるものですので、admin@test アカウントは 3 つのロール（user/admin/money_creator）にセットされたすべて権限が付与（許可）されます。

Data（詳細情報）は、key-Value 形式のデータを 128 個格納できる JSON 形式のデータ格納領域です。New transaction サブメニューの「4. Set account key/value detail (set_acc_kv)」を使用して追記できます。後のアカウント作成で、詳細情報の追加をあらためて解説します。

3.2.3 ドメインの作成（New transaction サブメニュー①）と トランザクションの確認（New transaction status request サブメニュー）

New transaction サブメニューの使用方法を Hyperledger Iroha の階層構造順に解説します。Chart 3-2-11 のような構造の**ドメイン／アカウント／アセット**を作成します。

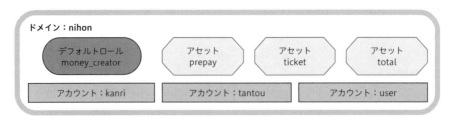

Chart 3-2-11　作成するドメイン／アカウント／アセットの構成イメージ

最初に解説するのは、Hyperledger Iroha の階層構造の頂点のドメインの作成です。

併せて、ドメインの作成が正常に行われたかを確認する手段として、トランザクションの結果確認も解説します。

New transaction サブメニューは、すべて Peer にトランザクションを送信するだけなので、実際に処理が行われたかは、送信後にトランザクションの結果を確認する必要があります。そのためトランザクションの結果確認は高い頻度で使用されます。

ドメインの作成方法

ドメインの作成は、New transaction サブメニューの「10. Create Domain (crt_dmn)」を使用します。例えば、nihon ドメインを作成するために入力する内容は、次に示すとおりです。

① iroha-cli コマンドを admin@test アカウントで起動
   `iroha-cli -account_name admin@test`
② Top メニュー ［1. New transaction (tx)］ を選択
③ New transaction サブメニュー ［10. Create Domain (crt_dmn)］ を選択
④ ドメイン名を入力します
   Domain Id: `nihon`
⑤ デフォルトのロールを入力します
   Default Role name: `money_creator`
⑥ Command is formed メニュー ［2. Send to Iroha peer (send)］ を選択
⑦ アドレスはデフォルト値の 0.0.0.0 となるためそのまま Enter
   Peer address
⑧ ポートはデフォルト値の 50051 となるためそのまま Enter
   Peer port
⑨ トランザクションの送信が成功したメッセージが表示されます
   Transaction successfully sent
   Congratulation, your transaction was accepted for processing.
   Its hash is 93d6df96370b3d0159a70d2f29cfe71ab3048fa24435c2f5fb5bf7fd7c
   1f6e99

ドメインには、デフォルトロールとして作成済のロール名が必要です。nihon ドメインのデフォルトロールは、「money_creator」とします。ドメインのデフォルトロールは、そのドメイン内（所属する）のすべてのアカウントに適用されます。

admin@test アカウントには、ドメイン作成権限（can_create_domain）も持ちますので、次のようにドメインの作成ができます。

Terminal 3-2-5 nihon ドメインを作成する操作ログ

```
1  iroha-cli -account_name admin@test ──────── admin@test アカウントで iroha-cli を起動
2  Welcome to Iroha-Cli.
3  Choose what to do:
```

```
 4   1. New transaction (tx)
 ≋
 7  > : 1 ──────────────────────────────────────── メニューの「1」を入力
 8  Forming a new transactions, choose command to add:
 ≋
18  10. Create Domain (crt_dmn)
 ≋
26  > : 10 ─────────────────────────────────────── メニューの「10」を入力
27  Domain Id: nihon ───────────────────────────── 「nihon」を入力
28  Default Role name: money_creator ───────────── 「money_creater」を入力
29  Command is formed. Choose what to do:
 ≋
31  2. Send to Iroha peer (send)
 ≋
34  > : 2 ──────────────────── メニューの「2」を入力し、トランザクションを送る
35  Peer address (0.0.0.0): ──────────────────────── このまま改行する
36  Peer port (50051): ───────── このまま改行する（トランザクションのハッシュ値が表示される）
37  [2019-07-22 15:33:30.369323869][I][CLI/ResponseHandler/Transaction]: Transaction
    successfully sent
38  Congratulation, your transaction was accepted for processing.
39  Its hash is 93d6df96370b3d0159a70d2f29cfe71ab3048fa24435c2f5fb5bf7fd7c1f6e99
```

　上記の最後の年月日のあるメッセージの「Transaction successfully sent Congratulation, your transaction was accepted for processing.」が、トランザクションの送信が成功したことを表しています。送信のみで、実際にトランザクションの実行は、Peer 側で行います。

　また、最後の行の「Its hash is <u>93d6df96370b3d0159a70d2f29cfe71ab3048fa24435c2f5fb5bf7fd7c1f6e99</u>」（下線部分）が、このトランザクションを識別するためのハッシュ値です。

　トランザクションの実行結果の確認方法は、この後に解説します。

〈Advice〉

> トランザクションを識別するためのハッシュ値は、実行ごとに異なります。

トランザクションの結果の確認方法

　New transaction サブメニューの各機能は、Peer へトランザクションを送信するまでしか行いません。そのため、Peer に送信された**トランザクション**が処理され、成功したかどうかの結果の確認は、New transaction status request サブメニューで確認します。トランザクションの処理結果を確認するために入力する内容は、次のとおりです。

① iroha-cli コマンドを admin@test アカウントで起動
   `iroha-cli -account_name admin@test`
② Top メニュー［3. New transaction status request (st)］を選択
③ New transaction サブメニュー［1. Get status of transaction (get_tx_info)］を選択
④ トランザクションのハッシュ値を入力します（トランザクションのハッシュ値は実行ごとに変化します）
   Requested tx hash: `93d6df96370b3d0159a70d2f29cfe71ab3048fa24435c2f5fb5bf7fd7c1f6e99`
⑤ Tx hash is saved メニューの［1. Send to Iroha peer (send)］を選択
⑥ アドレスはデフォルト値の 0.0.0.0 となるためそのまま Enter
   Peer address
⑦ ポートはデフォルト値の 50051 となるためそのまま Enter
   Peer port
⑧ トランザクションの実行結果が表示されます
   Transaction was successfully committed

成功したかどうかを確認するためには、トランザクションのハッシュ値を入力します。ハッシュ値は Terminal 3-2-5 の最下行の Its hash is に表示されます。よって、この nihon ドメイン作成の場合には「93d6df96370b3d0159a70d2f29cfe71ab3048fa24435c2f5fb5bf7fd7c1f6e99」を入力します。

iroha-cli コマンドは、トランザクションの参照権限（can_get_all_txs）を持つ admin@test アカウントなどで起動します。ターミナルでの操作は、次のとおりです。

Terminal 3-2-6 トランザクションの結果を確認する操作（成功時）ログ

```
 1  iroha-cli -account_name admin@test ────── admin@test アカウントで iroha-cli を起動
 2  Welcome to Iroha-Cli.
 3  Choose what to do:
 ≋
 6  3. New transaction status request (st)
 7  > : 3 ───────────────────────────── メニューの「3」を入力
 8  Choose action:
 9  1. Get status of transaction (get_tx_info)
 ≋
11  > : 1 ───────────────────────────── メニューの「1」を入力
12  Requested tx hash: 93d6df96370b3d0159a70d2f29cfe71ab3048fa24435c2f5fb5bf7fd7c1f
    6e99 ───────────────────────────── ハッシュ値を入力
13  Tx hash is saved. Choose what to do:
14  1. Send to Iroha peer (send)
 ≋
17  > : 1 ───────────────────────────── メニューの「1」を入力
18  Peer address (0.0.0.0): ─────────────── このまま改行する
```

```
19 │ Peer port (50051):────────────── このまま改行する（トランザクションの結果が表示される）
20 │ Transaction was successfully committed.
```

このように、最後の行に「Transaction was successfully committed.」と表示されれば、トランザクションは正常に処理されています。

もし、「Transaction has been rejected.」と表示された場合には何らかの問題でトランザクションは処理されずに、トランザクションのハッシュ値のみ（トランザクションの内容はありません）ブロックに記録されます。

3.2.4 アカウントの作成（New transaction サブメニュー②）

ここでは、作成した nihon ドメインに 3 つアカウント「kanri」「tantou」「user」を作成します。

アカウントの作成には、キーペア（秘密鍵と公開鍵）が必要になります。ここでは、キーペアの作成から解説します。

キーペアの作成

アカウントの作成には公開鍵と秘密鍵からなるキーペアが必要になります。キーペアは、ed25519_keygen.js プログラムをインストールし、使用すると作成できます。

しかし、このプログラムのインストールは、他のプログラムとのセットの作業なので、第 4 章で行うものとします。インストールは、「4.2.3　キーペア作成（ed25519_keygen.js）」（p.161）を参照ください。

そのため、この項では ed25519_keygen.js により著者が事前に作成したキーペアを使用し、アカウントの作成の解説を行います。3 つのアカウントを作成するため、ed25519_keygen.js プログラムを 3 回実行して 3 組のキーペアを作成します。著者によるキーペアの作成時のターミナル出力は、Terminal 3-2-7 を参照ください。

なお、ed25519_keygen.js プログラムで生成するキーペアはその都度変化します。

〈Advice〉

> ここでのキーペアは第 4 章でインストールを行う ed25519_keygen.js であらかじめ作成した内容を使用します。
> 実際に利用される際の構築では、ご自身で作られたキーペアをご利用されることを強くお勧めします。

Terminal 3-2-7 ed25519_keygen.js プログラムによるキーペアの作成（3 アカウント分）
（要第 4 章でのインストール）ログ一抜粋

```
1 │ cd ~/node_modules/iroha-helpers/example ──────────── ディレクトリを移動
2 │ node ed25519_keygen.js ──────── ed25519_keygen.js を実行すると、キーペアが作成される
3 │ public key : cb51d458e1031c6a3bc4c1f81baca6ef043893b30c0ae89458432124a97ec02e
```

```
 4   private key: a5d6f8fa4d0c358dc5218e4bcaf46e175b0fbc4cb80d0a00e562e1dc50f6d4a6
 5   node ed25519_keygen.js ──────── ed25519_keygen.jsを実行すると、キーペアが作成される。
                                     同じキーは作られない
 6   public key : 94a53212a5deb227eadc135ddee911644e21a25bed30576d0604e256a09ed1e2
 7   private key: df78364693db14fcc782fcc8e009100c82418b630e379aa2c77deb9526a20d03
 8   node ed25519_keygen.js ──────── ed25519_keygen.jsを実行すると、キーペアが作成される。
                                     同じキーは作られない
 9   public key : c1a418fe14f99cc5dcfab88773b2ee9f5710478a585d30763db68e8cb2737e90
10   private key: ea0c98a8eeaa6d637f1e0a01a3a62152518dd567c400bcfa9f4974182773bad0
```

　一般に、iroha コンテナには、エディタがありません。そのため、ターミナルに表示された上記ハッシュ値を、echo コマンドにコピペし、キーファイルを作成しました。キーファイルは、ホームディレクトリで操作すれば、ホームディレクトリに作成されます。ここでは、/opt/iroha_data/ ディレクトリに秘密鍵、公開鍵のキーペアファイルを作成します。

　ここで作成するアカウントは、「kanri」「tantou」「user」の 3 つです。nihon ドメイン内に作成するので、アカウント ID は「kanri@nihon」「tantou@nihon」「user@nihon」となります。

　kanri@nihon アカウントの公開鍵ファイル名は、kanri@nihon.pub です。秘密鍵ファイル名は、kanri@nihon.priv です。

　tantou@nihon アカウントの公開鍵ファイル名は tantou@nihon.pub、秘密鍵ファイル名は tantou@nihon.priv です。

　同様に user@nihon アカウントの公開鍵ファイル名は user@nihon.pub、秘密鍵ファイル名は user@nihon.priv です。

　iroha コンテナにアクセス（接続）して、以下のように入力します。

Terminal 3-2-8　iroha コンテナでキーペアファイルを作成する操作ログ

```
 1   cd /opt/iroha_data ────────────────────────────────── ディレクトリを移動
 2   echo "cb51d458e1031c6a3bc4c1f81baca6ef043893b30c0ae89458432124a97ec02e" > kanri@
     nihon.pub
 3   echo "a5d6f8fa4d0c358dc5218e4bcaf46e175b0fbc4cb80d0a00e562e1dc50f6d4a6" > kanri@
     nihon.priv
 4   echo "94a53212a5deb227eadc135ddee911644e21a25bed30576d0604e256a09ed1e2" > tantou@
     nihon.pub
 5   echo "df78364693db14fcc782fcc8e009100c82418b630e379aa2c77deb9526a20d03" > tantou@
     nihon.priv
 6   echo "c1a418fe14f99cc5dcfab88773b2ee9f5710478a585d30763db68e8cb2737e90" > user@
     nihon.pub
 7   echo "ea0c98a8eeaa6d637f1e0a01a3a62152518dd567c400bcfa9f4974182773bad0" > user@
     nihon.priv
```

Hyperledger Iroha にアカウントを作成

次にアカウントを作成します。作成には、New transaction サブメニューの「12. Create Account (crt_acc)」を使用します。ここでは 3 つのアカウント（kanri@nihon、tantou@nihon、user@nihon）を連続で作成します。入力する内容は、次のとおりです。Public Key は、Terminal 3-2-7 で著者が事前に作成したものを使用しています。

① iroha-cli コマンドを admin@test アカウントで起動
   `iroha-cli -account_name admin@test`
② Top メニュー［1. New transaction (tx)］を選択
③ New transaction サブメニュー［12. Create Account (crt_acc)］を選択
④ 1 つ目のアカウント名を入力します
   Account Name: `kanri`
⑤ 所属するドメイン名を入力します
   Domain Id: `nihon`
⑥ 公開鍵を入力します（kanri@nihon.pub ファイルの内容）
   Public Key: `cb51d458e1031c6a3bc4c1f81baca6ef043893b30c0ae89458432124a97ec02e`
⑦ Command is formed メニュー［1. Add one more command to the transaction (add)］を選択
⑧ New transaction サブメニュー［12. Create Account (crt_acc)］を選択
⑨ 2 つ目のアカウント名を入力します
   Account Name: `tantou`
⑩ 所属するドメイン名を入力します（1 つ目と同じです）
   Domain Id: `nihon`
⑪ 公開鍵を入力します（tantou@nihon.pub ファイルの内容）
   Public Key: `94a53212a5deb227eadc135ddee911644e21a25bed30576d0604e256a09ed1e2`
⑫ Command is formed メニュー［1. Add one more command to the transaction (add)］を選択
⑬ New transaction サブメニュー［12. Create Account (crt_acc)］を選択
⑭ 3 つ目のアカウント名を入力します
   Account Name: `user`
⑮ 所属するドメイン名を入力します（これまでと同じです）
   Domain Id: `nihon`
⑯ 公開鍵を入力します（user@nihon.pub ファイルの内容）
   Public Key: `c1a418fe14f99cc5dcfab88773b2ee9f5710478a585d30763db68e8cb2737e90`
⑰ Command is formed メニュー［2. Send to Iroha peer (send)］を選択
⑱ アドレスはデフォルト値の 0.0.0.0 となるためそのまま Enter
   Peer address
⑲ ポートはデフォルト値の 50051 となるためそのまま Enter
   Peer port
⑳ トランザクション結果が表示されます
   Transaction successfully sent
   Congratulation, your transaction was accepted for processing.
   Its hash is 4cb56472339b3025623db3ad78e1c1df17b7def8a7bc092a1f8bbbc5

　各アカウントの公開鍵を入力します。秘密鍵は、Peer への送信時（iroha-cli コマンドは自動読込み、API では明示的に記述）に使用します。

　iroha-cli コマンドは、同じメニューを選択すると前回入力した値をデフォルト値として表示（かっこ内に表示）します。そのままでよい場合には、Enter キーを押すだけで記憶した値を入力できますので、このような連続作業には便利です。

　iroha-cli コマンドは、アカウント作成権限（can_create_account）を持つ admin@test アカウントなどで起動します。ターミナルでの操作は、次のとおりです。

Terminal 3-2-9　3 つのアカウント（kanri@nihon、tantou@nihon、user@nihon）を作成する操作ログ

```
 1  iroha-cli -account_name admin@test ——— admin@test アカウントで iroha-cli コマンドを起動
 2  Welcome to Iroha-Cli.
 3  Choose what to do:
 4  1. New transaction (tx)
≈
 7  > : 1 ———————————————————————————————————— メニューの「1」を入力
 8  Forming a new transactions, choose command to add:
≈
20  12. Create Account (crt_acc)
≈
26  > : 12 ——————————————————————————————————— メニューの「12」を入力
27  Account Name: kanri ——————————————————————— アカウントとして「kanri」を入力
28  Domain Id: nihon ——————————————————————————— ドメインとして「nihon」を入力
29  Public Key: cb51d458e1031c6a3bc4c1f81baca6ef043893b30c0ae89458432124a97ec02e ┐
30  Command is formed. Choose what to do:      kanri アカウントの公開鍵を入力
31  1. Add one more command to the transaction (add)
≈
35  > : 1 ———————————————————————————————————— メニューの「1」を入力
36  --------------------
37  Choose command to add: ————————————————————————— 続けて入力する
≈
49  12. Create Account (crt_acc)
≈
55  > : 12 ——————————————————————————————————— メニューの「12」を入力
56  Account Name (kanri): tantou ——————————————— アカウントとして「tantou」を入力
57  Domain Id (nihon): ———————————————————— ドメインは変更しないので、このまま改行
58  Public Key (cb51d458e1031c6a3bc4c1f81baca6ef043893b30c0ae89458432124a97ec02e):
        94a53212a5deb227eadc135ddee911644e21a25bed30576d0604e256a09ed1e2 ———┐
59  Command is formed. Choose what to do:      tantou アカウントの公開鍵を入力
```

```
60    1. Add one more command to the transaction (add)
〰〰〰
64    > : 1 ─────────────────────────────────── メニューの「1」を入力
65    --------------------
66    Choose command to add: ───────────────── 続けて入力する
〰〰〰
78    12. Create Account (crt_acc)
〰〰〰
84    > : 12 ────────────────────────────────── メニューの「12」を入力
85    Account Name (tantou): user ──────────── アカウントとして「user」を入力
86    Domain Id (nihon): ─────────────────── ドメインは変更しないので、このまま改行
87    Public Key (94a53212a5deb227eadc135ddee911644e21a25bed30576d0604e256a09ed1e2):
      c1a418fe14f99cc5dcfab88773b2ee9f5710478a585d30763db68e8cb2737e90 ─────┐
88    Command is formed. Choose what to do: ──────────────┘
                                               user アカウントの公開鍵を入力
〰〰〰
90    2. Send to Iroha peer (send)
〰〰〰
93    > : 2 ─────────────────────── メニューの「2」を入力し、トランザクションを送る
94    Peer address (0.0.0.0): ──────────────────────── このまま改行する
95    Peer port (50051): ──── このまま改行する（トランザクションのハッシュ値が表示される）
96    [2019-07-22 15:38:35.350861282][I][CLI/ResponseHandler/Transaction]: Transaction
      successfully sent
97    Congratulation, your transaction was accepted for processing.
98    Its hash is 4cb56472339b3025623db3ad78e1c1df17b7def8a7bc092a1f8bbbc5b1194bea
```

　トランザクションの結果確認は、3.2.3 項内のトランザクションの結果の確認方法と同様です
（p.96 参照）。

アカウントへの任意の詳細情報を登録

　アカウントには、任意の詳細情報として 128 個の文字情報を登録することができます。この
文字情報は、Key-Value 形式で登録されます。Key-Value 形式とは、Key に情報の種類や検索の
ための文字をセットします。Value は、実際の情報をセットします。Key と Value が対となる、
JSON といわれる形式です。**アカウントの詳細情報**の登録には、New transaction サブメニュー
の「4. Set account key/value detail (set_acc_kv)」を使用します。

　admin@test アカウントに詳細情報として、2 組の情報を登録します。1 組目が、「誕生日：
2019 年 8 月 12 日」という意味で「DB」と「20190812」です。2 組目が、「有効期間：2020 年 9
月 6 日」という意味で「Expires」と「20200906」です。

　登録した詳細情報を確認するため、admin@test アカウントの情報を参照します。入力する内
容は、次のとおりです。

① iroha-cli コマンドを admin@test アカウントで起動
   ```
   iroha-cli –account_name admin@test
   ```
② Top メニュー ［1. New transaction (tx)］ を選択
③ New transaction サブメニュー ［4. Set account key/value detail (set_acc_kv)］ を選択
④ アカウント ID を入力します
   ```
   Account Id: admin@test
   ```
⑤ 詳細情報の Key を入力します
   ```
   Key: BD
   ```
⑥ 詳細情報の Value を入力します
   ```
   value: 20190812
   ```
⑦ Command is formed メニュー ［1. Add one more command to the transaction (add)］ を選択
⑧ New transaction サブメニュー ［4. Set account key/value detail (set_acc_kv)］ を選択
⑨ アカウント ID を入力します（上記と同じアカウント）
   ```
   Account Id: admin@test
   ```
⑩ 詳細情報の Key を入力します
   ```
   Key: Expires
   ```
⑪ 詳細情報の Value を入力します
   ```
   value: 20200906
   ```
⑫ Command is formed メニュー ［2. Send to Iroha peer (send)］ を選択
⑬ アドレスはデフォルト値の 0.0.0.0 となるためそのまま Enter
   ```
   Peer address
   ```
⑭ ポートはデフォルト値の 50051 となるためそのまま Enter
   ```
   Peer port
   ```
⑮ トランザクション結果が表示されます
   ```
   Transaction successfully sent
   Congratulation, your transaction was accepted for processing.
   Its hash is d5ced7e13d78513f0f8ac8e68f75f79121a7a894f3b3221eae89e95a4
   05cc656
   ```
⑯ Top メニュー ［2. New query (qry)］ を選択
⑰ New query サブメニュー ［9. Get Account Information (get_acc)］ を選択
⑱ アカウント ID を入力します
   ```
   Account Id: admin@test
   ```
⑲ Query is formed メニュー ［1. Send to Iroha peer (send)］ を選択
⑳ アドレスはデフォルト値の 0.0.0.0 となるためそのまま Enter
   ```
   Peer address
   ```
㉑ ポートはデフォルト値の 50051 となるためそのまま Enter
   ```
   Peer port
   ```
㉒ 問い合わせ結果が表示されます（以下は日付などの不要な情報を省略しています）
   ```
   [Account]:
   -Account Id:- admin@test
   -Domain- test
   ```

3

```
     -Roles-:
     user
     admin
     money_ creator
     -Data-: {"admin@test": {"BD": "20190812", "Expires": "20200906"}}
```

iroha-cli コマンドは、アカウントの詳細設定権限（can_set_detail）を持つ admin@test アカウントなどで起動します。ターミナルでの操作は、次のとおりです。

Terminal 3-2-10 admin@test アカウントに詳細情報の設定および詳細情報を確認する操作ログ

```
 1   iroha-cli -account_name admin@test ──── admin@test アカウントで iroha-cli コマンドを起動
 2   Welcome to Iroha-Cli.
 3   Choose what to do:
 4   1. New transaction (tx)
 ≋
 7   > : 1 ──────────────────────────────────────────── メニューの「1」を入力
 8   Forming a new transactions, choose command to add:
 ≋
12   4. Set account key/value detail (set_acc_kv)
 ≋
26   > : 4 ──────────────────────────────────────────── メニューの「4」を入力
27   Account Id: admin@test ──────────────────── アカウントとして admin@test を入力
28   key: BD ───────────────────────── key として BD を入力。BD は、BirthDay の略語
29   value: 20190812 ──────────────────────── value として誕生日を年月日で入力
30   Command is formed. Choose what to do:
31   1. Add one more command to the transaction (add)
 ≋
35   > : 1 ──────────────────────────────────────────── メニューの「1」を入力
36   --------------------
37   Choose command to add: ───────────────────────────────────── 続ける
 ≋
41   4. Set account key/value detail (set_acc_kv)
 ≋
55   > : 4 ──────────────────────────────────────────── メニューの「4」を入力
56   Account Id (admin@test): ──────────────── アカウントは admin@test のまま
57   key (BD): Expires ──────────── key として Expires を入力。アカウントの有効期限の意味
58   value (20190812): 20200906 ────────── value としてアカウントの有効期限を年月日で入力
59   Command is formed. Choose what to do:
 ≋
61   2. Send to Iroha peer (send)
```

```
64  > : 2 ─────────────────────────────────── メニューの「2」を入力し、トランザクションを送る
65  Peer address (0.0.0.0): ──────────────────────────── このまま改行する
66  Peer port (50051): ──────── このまま改行する（トランザクションのハッシュ値が表示される）
67  [2019-07-22 15:47:15.373703671][I][CLI/ResponseHandler/Transaction]: Transaction
    successfully sent
68  Congratulation, your transaction was accepted for processing.
69  Its hash is d5ced7e13d78513f0f8ac8e68f75f79121a7a894f3b3221eae89e95a405cc656
70  --------------------
71  Choose what to do: ─────────────────────────────────── 続ける
≈
73  2. New query (qry)
≈
75  > : 2 ───────────────────────────────── メニューの「2」を入力
76  Choose query:
≈
85  9. Get Account Information (get_acc)
≈
87  > : 9 ───────────────────────────────── メニューの「9」を入力
88  Requested account Id: admin@test ──────────── アカウントとして admin@test を入力
89  Query is formed. Choose what to do:
90  1. Send to Iroha peer (send)
≈
93  > : 1 ─────────────────────────────── メニューの「1」を入力し、トランザクションを送る
94  Peer address (0.0.0.0): ──────────────────────────── このまま改行する
95  Peer port (50051): ──────────── このまま改行する（登録内容が表示される）
96  [2019-07-22 15:48:58.003201809][I][CLI/ResponseHandler/Query]: [Account]:
97  [2019-07-22 15:48:58.003261639][I][CLI/ResponseHandler/Query]: -Account Id:-
    admin@test
98  [2019-07-22 15:48:58.003271943][I][CLI/ResponseHandler/Query]: -Domain- test
99  [2019-07-22 15:48:58.003279133][I][CLI/ResponseHandler/Query]: -Roles-:
100 [2019-07-22 15:48:58.003289208][I][CLI/ResponseHandler/Query]:  user
101 [2019-07-22 15:48:58.003296228][I][CLI/ResponseHandler/Query]:  admin
102 [2019-07-22 15:48:58.003388452][I][CLI/ResponseHandler/Query]:  money_creator
103 [2019-07-22 15:48:58.003406771][I][CLI/ResponseHandler/Query]: -Data-: {"admin@
    test": {"BD": "20190812", "Expires": "20200906"}}
```

3

　上記の最後の行に「{"admin@test": {"BD": "20190812", "Expires": "20200906"}}」と表示されています。「"BD": "20190812"」と「"Expires": "20200906"」の部分が、Key-Value 形式で登録された内容です。

❄ 3.2.5 アセット作成（New transaction サブメニュー③）

次に、作成した nihon ドメインに 3 つのアセット「prepay」「ticket」「total」を作成します。**アセットの作成**では、アセット名と所属するドメインと精度（小数点以下の桁数）を入力します。

アセットの作成方法

アセットの作成は、New transaction サブメニューの「14. Create Asset (crt_ast)」を使用します。3 つのアセット（prepay#nihon、ticket#nihon、total#nihon）を連続で作成します。

① iroha-cli コマンドを admin@test アカウントで起動
`iroha-cli -account_name admin@test`
② Top メニュー ［1. New transaction (tx)］ を選択
③ New transaction サブメニュー ［14. Create Asset (crt_ast)］ を選択
④ アセット名を入力します
Asset name: `prepay`
⑤ 所属するドメイン名を入力します
Domain Id: `nihon`
⑥ 精度（小数点以下の桁数）を指定します
Asset precision: `2`
⑦ Command is formed メニュー ［1. Add one more command to the transaction (add)］ を選択
⑧ New transaction サブメニュー ［14. Create Asset (crt_ast)］ を選択
⑨ アセット名を入力します
Asset name: `ticket`
⑩ 所属するドメイン名を入力します（上記と同じドメイン名です）
Domain Id: `nihon`
⑪ 精度（小数点以下の桁数）を指定します
Asset precision: `0`
⑫ Command is formed メニュー ［1. Add one more command to the transaction (add)］ を選択
⑬ New transaction サブメニュー ［14. Create Asset (crt_ast)］ を選択
⑭ アセット名を入力します
Asset name: `total`
⑮ 所属するドメイン名を入力します（上記と同じドメイン名です）
Domain Id: `nihon`
⑯ 精度（小数点以下の桁数）を指定します
Asset precision: `1`
⑰ Command is formed メニュー ［2. Send to Iroha peer (send)］ を選択
⑱ アドレスはデフォルト値の 0.0.0.0 となるためそのまま Enter
Peer address
⑲ ポートはデフォルト値の 50051 となるためそのまま Enter
Peer port

⑳ トランザクション結果が表示されます

Transaction successfully sent
Congratulation, your transaction was accepted for processing.
Its hash is fb95f7411e0e29bd287a9a4fdd5a98d3fb6fc7909341b531b63938ec
2a3cc3f6

　各アセットには、小数点以下の桁数（精度）を指定します。prepay#nihon アセットは、小数
点以下2桁です。ticket#nihon アセットは、整数のみを持たせたいので0桁です。total#nihon アセッ
トは、小数点以下1桁です。

　iroha-cli コマンドは、アカウント作成権限（can_read_assets）を持つ admin@test アカウント
などで起動します。ターミナルでの操作は、次のとおりです。

Terminal 3-2-11　3つのアセット（prepay#nihon、ticket#nihon、total#nihon）を作成する操作ログ

```
 1   iroha-cli -account_name admin@test ──── admin@test アカウントで iroha-cli コマンドを起動
 2   Welcome to Iroha-Cli.
 3   Choose what to do:
 4   1. New transaction (tx)
 ≈
 7   > : 1 ──────────────────────────────────────── メニューの「1」を入力
 8   Forming a new transactions, choose command to add:
 ≈
22   14. Create Asset (crt_ast)
 ≈
26   > : 14 ─────────────────────────────────────── メニューの「14」を入力
27   Asset name: prepay ──────────────────────── アセットとして prepay を入力
28   Domain Id: nihon ────────────────────────── ドメインとして nihon を入力
29   Asset precision: 2 ──────────────────────── 小数点以下を2桁に指定
30   Command is formed. Choose what to do:
31   1. Add one more command to the transaction (add)
 ≈
35   > : 1 ──────────────────────────────────────── メニューの「1」を入力
36   --------------------
37   Choose command to add: ─────────────────────────────── 続ける
 ≈
51   14. Create Asset (crt_ast)
 ≈
55   > : 14 ─────────────────────────────────────── メニューの「14」を入力
56   Asset name (prepay): ticket ─────────────── アセット名として ticket を入力
57   Domain Id (nihon): ──────────────────────── ドメインは nihon のまま
58   Asset precision (2): 0 ──────────────────── 小数点以下を0桁に指定
```

```
59   Command is formed. Choose what to do:
60   1. Add one more command to the transaction (add)
≋
64   > : 1 ─────────────────────────────────────────────  メニューの「1」を入力
65   --------------------
66   Choose command to add: ───────────────────────────────────  続ける
≋
80   14. Create Asset (crt_ast)
≋
84   > : 14 ────────────────────────────────────────────  メニューの「14」を入力
85   Asset name (ticket): total ─────────────────────  アセットとして total を入力
86   Domain Id (nihon): ────────────────────────────  ドメインは nihon のまま
87   Asset precision (0): 1 ─────────────────────────  小数点以下を 1 桁に指定
88   Command is formed. Choose what to do:
≋
90   2. Send to Iroha peer (send)
≋
93   > : 2 ──────────────────────  メニューの「2」を入力し、トランザクションを送る
94   Peer address (0.0.0.0): ───────────────────────────────  このまま改行する
95   Peer port (50051): ──────  このまま改行する（トランザクションのハッシュ値が表示される）
96   [2019-07-22 16:04:16.871489656][I][CLI/ResponseHandler/Transaction]: Transaction
     successfully sent
97   Congratulation, your transaction was accepted for processing.
98   Its hash is fb95f7411e0e29bd287a9a4fdd5a98d3fb6fc7909341b531b63938ec2a3cc3f6
```

　トランザクションの結果確認は、3.2.3 項内のトランザクションの結果の確認方法と同様です
（p.96 参照）。

❖ 3.2.6 アセットの加算（New transaction サブメニュー④）と残高確認（New query サブメニュー②）

　次に、アカウントに対するアセットの加算と残高確認の方法を解説します。アセットの加算は、単に指定したアセットへの、加算する数値を指定するだけです。Hyperledger Iroha 内部では加算に関する原資を考慮する必要はありません。

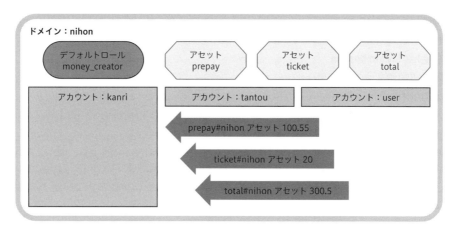

Chart 3-2-12 kanri@nihon アカウントに prepay#nihon アセットと ticket#nihon アセットと total#nihon アセットを加算するイメージ

アセットの加算

アセットの加算には、New transaction サブメニューの「16. Add Asset Quantity (add_ast_qty)」を使用します。ここでは、3 つの加算を連続して行います。

ここでは、kanri@nihon アカウントの 3 つのアセットへ、

- prepay アセット：100.55
- ticket アセット：20
- total アセット：300.5

を加算します。各アセットに指定する数値の精度を超えないように注意してください。精度を超えるなどのエラーの場合、トランザクションは処理されません。

〈**Advice**〉

加算対象のアカウントで iroha-cli コマンドを起動します。

① iroha-cli コマンドを kanri@nihon アカウントで起動
   `iroha-cli -account_name kanri@nihon`
② Top メニュー ［1. New transaction (tx)］ を選択
③ New transaction サブメニュー ［16. Add Asset Quantity (add_ast_qty)］ を選択
④ アセット ID を入力します
   Asset Id: `prepay#nihon`
⑤ 加算する数値を入力します
   Amount to add: `100.55`
⑥ Command is formed メニュー ［1. Add one more command to the transaction (add)］ を選択

⑦ New transaction サブメニュー［16. Add Asset Quantity (add_ast_qty)］を選択
⑧ アセット ID を入力します
　　Asset Id: **ticket#nihon**
⑨ 加算する数値を入力します
　　Amount to add: **20**
⑩ Command is formed メニュー［1. Add one more command to the transaction (add)］を選択
⑪ New transaction サブメニュー［16. Add Asset Quantity (add_ast_qty)］を選択
⑫ アセット ID を入力します
　　Asset Id: **total#nihon**
⑬ 加算する数値を入力します
　　Amount to add: **300.5**
⑭ Command is formed メニュー［2. Send to Iroha peer (send)］を選択
⑮ アドレスはデフォルト値の 0.0.0.0 となるためそのまま Enter
　　Peer address
⑯ ポートはデフォルト値の 50051 となるためそのまま Enter
　　Peer port
⑰ トランザクション結果が表示されます
　　Transaction successfully sent
　　Congratulation, your transaction was accepted for processing.
　　Its hash is f9212a6819c387d4ba657ae810457ea4c87d67598867f76aa298238 d70d5d476

　アセットの加算は、iroha-cli コマンド起動時に指定したアカウントに対して、指定された数値のアセットを加算します。そのため、ここでは、アセット加算対象の kanri@nihon アカウントで起動します。指定できるアカウントは加算権限（can_add_asset_qty）のあるアカウントです。

Terminal 3-2-12 kanri@nihon アカウントに prepay#nihon アセットと ticket#nihon アセットと total#nihon アセットを加算する操作ログ

```
 1  iroha-cli -account_name kanri@nihon ──── kanri@nihon アカウントで iroha-cli コマンドを
                                              起動
 2  Welcome to Iroha-Cli.
 3  Choose what to do:
 4  1. New transaction (tx)
 ≋
 7  > : 1 ─────────────────────────────────────────── メニューの「1」を入力
 8  Forming a new transactions, choose command to add:
 ≋
24  16. Add Asset Quantity (add_ast_qty)
 ≋
26  > : 16 ────────────────────────────────────────── メニューの「16」を入力
27  Asset Id: prepay#nihon ───────────── 加算対象のアセットとして prepay#nihon を指定
28  Amount to add, e.g 123.456: 100.55 ─────────── 加算する値として 100.55 を指定
```

```
29   Command is formed. Choose what to do:
30   1. Add one more command to the transaction (add)
〜
34   > : 1 ──────────────────────────────────────────── メニューの「1」を入力
35   --------------------
36   Choose command to add: ──────────────────────────── 続ける
〜
52   16. Add Asset Quantity (add_ast_qty)
〜
54   > : 16 ─────────────────────────────────────────── メニューの「16」を入力
55   Asset Id (prepay#nihon): ticket#nihon ──── 加算対象のアセットとして ticket#nihon を指定
56   Amount to add, e.g 123.456 (100.55): 20 ─────────── 加算する値として 20 を指定
57   Command is formed. Choose what to do:
58   1. Add one more command to the transaction (add)
〜
62   > : 1 ──────────────────────────────────────────── メニューの「1」を入力
63   --------------------
64   Choose command to add: ──────────────────────────── 続ける
〜
80   16. Add Asset Quantity (add_ast_qty)
〜
82   > : 16 ─────────────────────────────────────────── メニューの「16」を入力
83   Asset Id (ticket#nihon): total#nihon ──── 加算対象として total#nihon を指定
84   Amount to add, e.g 123.456 (20): 300.5 ──── 加算する値として 300.5 を指定
85   Command is formed. Choose what to do:
〜
87   2. Send to Iroha peer (send)
〜
90   > : 2 ──────────────────────── メニューの「2」を入力し、トランザクションを送る
91   Peer address (0.0.0.0): ────────────────────── このまま改行する
92   Peer port (50051): ──── このまま改行する（トランザクションのハッシュ値が表示される）
93   [2019-07-22 16:10:18.382326663][I][CLI/ResponseHandler/Transaction]: Transaction
     successfully sent
94   Congratulation, your transaction was accepted for processing.
95   Its hash is f9212a6819c387d4ba657ae810457ea4c87d67598867f76aa298238d70d5d476
```

トランザクションの確認は、3.2.3 項内のトランザクションの結果の確認方法と同様です（p.96
参照）。

また、実際のアセット残高の確認は、この後解説します。

アセット残高（Balance）の確認方法

　アセット残高を表示するには、New query サブメニューの「8. Get Account's Assets (get_acc_ast)」を使用します。アセットの加算／転送／減算を実行した後に結果を確認する場面で重宝します。入力する内容と出力は、次のとおりです。

　① iroha-cli コマンドを admin@test アカウントで起動
　　 `iroha-cli -account_name admin@test`
　② Top メニュー［2. New query (qry)］を選択
　③ New query サブメニュー［8. Get Account's Assets (get_acc_ast)］を選択
　④ アカウント ID を入力します
　　 Requested account Id: `kanri@nihon`
　⑤ アセット ID を入力します（どのアセット ID でも可）
　　 Requested asset Id: `prepay#nihon`
　⑥ Query is formed メニュー［1. Send to Iroha peer (send)］を選択
　⑦ アドレスはデフォルト値の 0.0.0.0 となるためそのまま Enter
　　 Peer address
　⑧ ポートはデフォルト値の 50051 となるためそのまま Enter
　　 Peer port
　⑨ 問い合わせ結果が表示されます（以下の出力は日付などの情報を省略しています）
　　 [Account Assets]
　　 -Account Id:- kanri@nihon
　　 -Asset Id- prepay#nihon
　　 -Balance- 100.55
　　 -Account Id:- kanri@nihon
　　 -Asset Id- ticket#nihon
　　 -Balance- 20:
　　 -Account Id:- kanri@nihon
　　 -Asset Id- total#nihon
　　 -Balance- 300.5

　このように kanri@nihon アカウントの prepay#nihon アセットで 100.55 の残高が確認できました。同様に ticket#nihon アセットで 20、total#nihon アセットで 300.5 の残高が確認できます。
　iroha-cli コマンドは、アセットの参照権限（can_get_all_acc_ast）を持つ admin@test アカウントなどで起動します。ターミナルでの操作は、次のとおりです。

Terminal 3-2-13　kanri@nihon アカウントのアセット残高確認する操作ログ

```
1  iroha-cli -account_name admin@test ──── admin@test アカウントで iroha-cli コマンドを起動
2  Welcome to Iroha-Cli.
3  Choose what to do:
≋
5  2. New query (qry)
```

```
       ≋
 7   > : 2 ─────────────────────────────────────────────────── メニューの「2」を入力
 8   Choose query:
       ≋
16   8. Get Account's Assets (get_acc_ast)
       ≋
19   > : 8 ─────────────────────────────────────────────────── メニューの「8」を入力
20   Requested account Id: kanri@nihon ── 残高確認対象のアカウントとして kanri@nihon を入力
21   Requested asset Id: prepay#nihon ── 残高確認対象のアセットとして prepay#nihon を入力
22   Query is formed. Choose what to do:
23   1. Send to Iroha peer (send)
       ≋
26   > : 1 ─────────────────────────────────────────────────── メニューの「1」を入力
27   Peer address (0.0.0.0): ─────────────────────────────────── このまま改行する
28   Peer port (50051): ──────────────────── このまま改行する（残高が表示される）
29   [2019-07-22 16:13:03.030096558][I][CLI/ResponseHandler/Query]: [Account Assets]
30   [2019-07-22 16:13:03.030123655][I][CLI/ResponseHandler/Query]: -Account Id:-
     kanri@nihon
31   [2019-07-22 16:13:03.030126183][I][CLI/ResponseHandler/Query]: -Asset Id-
     prepay#nihon
32   [2019-07-22 16:13:03.030128177][I][CLI/ResponseHandler/Query]: -Balance- 100.55
33   [2019-07-22 16:13:03.030130112][I][CLI/ResponseHandler/Query]: -Account Id:-
     kanri@nihon
34   [2019-07-22 16:13:03.030131992][I][CLI/ResponseHandler/Query]: -Asset Id-
     ticket#nihon
35   [2019-07-22 16:13:03.030134010][I][CLI/ResponseHandler/Query]: -Balance- 20
36   [2019-07-22 16:13:03.030135887][I][CLI/ResponseHandler/Query]: -Account Id:-
     kanri@nihon
37   [2019-07-22 16:13:03.030137750][I][CLI/ResponseHandler/Query]: -Asset Id-
     total#nihon
38   [2019-07-22 16:13:03.030139567][I][CLI/ResponseHandler/Query]: -Balance- 300.5
```

3.2.7 アセットの転送（New transaction サブメニュー⑤）と残高確認

　アカウント間でアセットの転送も可能です。転送の場合、転送元アカウントのアセットが原資となります。

　つまり、転送先には転送した値が加算され、転送元はその分減算されます。

　当然、転送元アカウントの原資を超える転送はできず、その際にはトランザクションも記録されません。

ここでは、kanri@nihon アカウントから、各アセットが 0 の tantou@nihon アカウントへ、

- prepay アセット：10.5
- ticket アセット：2
- total アセット：30.1

を転送します。

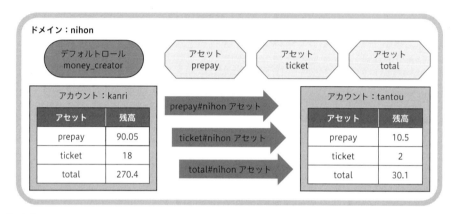

Chart 3-2-13 kanri@nihon アカウントから tantou@nihon アカウントへ prepay#nihon アセットと ticket#nihon アセットと total#nihon アセットを転送するイメージ（転送後の残高）

アセットの転送方法

アセットの転送には、New transaction サブメニューの「5. Transfer Assets (tran_ast)」を使用します。入力する内容は、次のとおりです。

① iroha-cli コマンドを kanri@nihon アカウントで起動
   `iroha-cli -account_name kanri@nihon`
② Top メニュー ［1. New transaction (tx)］を選択
③ New transaction サブメニュー ［5. Transfer Assets (tran_ast)］を選択
④ アセット転送元のアカウント ID を入力します
   SrcAccount Id: `kanri@nihon`
⑤ アセット転送先のアカウント ID を入力します
   DestAccount Id: `tantou@nihon`
⑥ アセット ID を入力します
   Asset Id: `prepay#nihon`
⑦ 転送する数値を入力します。この数値が転送されます
   Amount to transfer: `10.5`
⑧ Command is formed メニュー ［1. Add one more command to the transaction (add)］を選択
⑨ New transaction サブメニュー ［5. Transfer Assets (tran_ast)］を選択

⑩ アセット転送元のアカウント ID を入力します（上記と同じです）
   SrcAccount Id: **kanri@nihon**
⑪ アセット転送先のアカウント ID を入力します（上記と同じです）
   DestAccount Id: **tantou@nihon**
⑫ アセット ID を入力します
   Asset Id: **ticket#nihon**
⑬ 転送する数値を入力します。この数値が転送されます
   Amount to transfer: **2**
⑭ Command is formed メニュー [1. Add one more command to the transaction (add)] を選択
⑮ New transaction サブメニュー [5. Transfer Assets (tran_ast)] を選択
⑯ アセット転送元のアカウント ID を入力します（上記と同じです）
   SrcAccount Id: **kanri@nihon**
⑰ アセット転送先のアカウント ID を入力します（上記と同じです）
   DestAccount Id: **tantou@nihon**
⑱ アセット ID を入力します
   Asset Id: **total#nihon**
⑲ 転送する数値を入力します。この数値が転送されます
   Amount to transfer: **30.1**
⑳ Command is formed メニュー [2. Send to Iroha peer (send)] を選択
㉑ アドレスはデフォルト値の 0.0.0.0 となるためそのまま Enter
   Peer address
㉒ ポートはデフォルト値の 50051 となるためそのまま Enter
   Peer port
㉓ トランザクション結果が表示されます
   Transaction successfully sent
   Congratulation, your transaction was accepted for processing.
   Its hash is 73c6179477b54b0842c6005cd75c52e388a28650f6df92da9cb8a55f461cd46c

　各アセットに指定する数値は、転送元の残高を超えないように注意してください。また、精度を超えないように注意してください。いずれもトランザクションが処理されません。

　iroha-cli コマンドは、対象のアカウント（kanri@nihon アカウント）で起動します。転送元の kanri@nihon アカウントには、アセットの送信権限（can_transfer）が必要です。転送先の tantou@nihon アカウントには、アセットの受信権限（can_receive）が必要です。

Terminal 3-2-14 kanri@nihon アカウントから tantou@nihon アカウントへのアセットを転送する操作ログ

```
1  iroha-cli -account_name kanri@nihon ──── kanri@nihon アカウントで iroha-cli コマンドを
2  Welcome to Iroha-Cli.                     起動
3  Choose what to do:
4  1. New transaction (tx)
```

```
 7   > : 1                                                    メニューの「1」を入力
 8   Forming a new transactions, choose command to add:

13   5. Transfer Assets (tran_ast)

26   > : 5                                                    メニューの「5」を入力
27   SrcAccount Id: kanri@nihon              転送元のアカウントとして kanri@nihon を指定
28   DestAccount Id: tantou@nihon            転送先のアカウントとして tantou@nihon を指定
29   Asset Id: prepay#nihon                  転送対象のアセットとして prepay#nihon を指定
30   Amount to transfer, e.g 123.456: 10.5        転送する値として 10.5 を指定
31   Command is formed. Choose what to do:
32   1. Add one more command to the transaction (add)

36   > : 1                                                    メニューの「1」を入力
37   --------------------
38   Choose command to add:                                         続ける

43   5. Transfer Assets (tran_ast)

56   > : 5                                                    メニューの「5」を入力
57   SrcAccount Id (kanri@nihon):            転送元のアカウントは kanri@nihon のまま
58   DestAccount Id (tantou@nihon):          転送先のアカウントは tantou@nihon のまま
59   Asset Id (prepay#nihon): ticket#nihon   転送対象のアセットとして ticket#nihon を指定
60   Amount to transfer, e.g 123.456 (10.5): 2       転送する値として 2 を指定
61   Command is formed. Choose what to do:
62   1. Add one more command to the transaction (add)

66   > : 1                                                    メニューの「1」を入力
67   --------------------
68   Choose command to add:                                         続ける

73   5. Transfer Assets (tran_ast)

86   > : 5                                                    メニューの「5」を入力
87   SrcAccount Id (kanri@nihon):            転送元のアカウントは kanri@nihon のまま
88   DestAccount Id (tantou@nihon):          転送先のアカウントは tantou@nihon のまま
89   Asset Id (ticket#nihon): total#nihon    転送対象のアセットとして total#nihon を指定
90   Amount to transfer, e.g 123.456 (2): 30.1       転送する値として 30.1 を指定
91   Command is formed. Choose what to do:
```

```
 93    2. Send to Iroha peer (send)
```
≈
```
 96    > : 2 ─────────────────────────  メニューの「2」を入力し、トランザクションを送る
 97    Peer address (0.0.0.0): ───────────────────────  このまま改行する
 98    Peer port (50051): ───────  このまま改行する（トランザクションのハッシュ値が表示される）
 99    [2019-07-22 16:18:31.423205593][I][CLI/ResponseHandler/Transaction]: Transaction
       successfully sent
100    Congratulation, your transaction was accepted for processing.
101    Its hash is 73c6179477b54b0842c6005cd75c52e388a28650f6df92da9cb8a55f461cd46c
```

　トランザクションの確認は 3.2.3 項内のトランザクションの結果の確認方法と同様です（p.96
参照）。実際のアセット残高の確認は、この後解説します。

アセット転送先（tantou@nihon アカウント）とアセット転送元（kanri@nihon アカウント）の残高確認方法

　転送によるアセットの移動を確認するために、転送先（tantou@nihon アカウント）と転送元
（kanri@nihon アカウント）の残高を確認します。入力する内容と出力は、次のとおりです。

① iroha-cli コマンドを admin@test アカウントで起動
　　iroha-cli –account_name admin@test
② Top メニュー ［2. New query (qry)］ を選択
③ New query サブメニュー ［8. Get Account's Assets (get_acc_ast)］ を選択
④ アカウント ID を入力します
　　Requested account Id: **tantou@nihon**
⑤ アセット ID を入力します
　　Requested asset Id: **prepay#nihon**
⑥ Query is formed メニュー ［1. Send to Iroha peer (send)］ を選択
⑦ アドレスはデフォルト値の 0.0.0.0 となるためそのまま Enter
　　Peer address
⑧ ポートはデフォルト値の 50051 となるためそのまま Enter
　　Peer port
⑨ 問い合わせ結果が表示されます（以下の出力は日付などの情報を省略しています）
　　[Account Assets]
　　-Account Id:- tantou@nihon
　　-Asset Id- prepay#nihon
　　-Balance- 10.5
　　-Account Id:- tantou@nihon
　　-Asset Id- ticket#nihon
　　-Balance- 2
　　-Account Id:- tantou@nihon
　　-Asset Id- total#nihon
　　-Balance- 30.1

⑩ Top メニュー [2. New query (qry)] を選択

⑪ New query サブメニュー [8. Get Account's Assets (get_acc_ast)] を選択

⑫ アカウント ID を入力します
Requested account Id: **kanri@nihon**

⑬ アセット ID を入力します
Requested asset Id: **prepay#nihon**

⑭ Query is formed メニュー [1. Send to Iroha peer (send)] を選択

⑮ アドレスはデフォルト値の 0.0.0.0 となるためそのまま Enter
Peer address

⑯ ポートはデフォルト値の 50051 となるためそのまま Enter
Peer port

⑰ 問い合わせ結果が表示されます（以下の出力は日付などの情報を省略しています）
[Account Assets]
-Account Id:- kanri@nihon
-Asset Id- prepay#nihon
-Balance- 90.05
-Account Id:- kanri@nihon
-Asset Id- ticket#nihon
-Balance- 18
-Account Id:- kanri@nihon
-Asset Id- total#nihon
-Balance- 270.4

iroha-cli コマンドは、アセットの参照権限（can_get_all_acc_ast）を持つ admin@test アカウントなどで起動します。ターミナルでの操作は、次のとおりです。

Terminal 3-2-15 tantou@nihon アカウントと kanri@nihon アカウントのアセット残高を確認するための操作ログ

```
 1  iroha-cli -account_name admin@test ── admin@test アカウントで iroha-cli コマンドを起動
 2  Welcome to Iroha-Cli.
 3  Choose what to do:
 ≋
 5  2. New query (qry)
 ≋
 7  > : 2 ──────────────────────────────────────── メニューの「2」を入力
 8  Choose query:
 ≋
16  8. Get Account's Assets (get_acc_ast)
 ≋
19  > : 8 ──────────────────────────────────────── メニューの「8」を入力
20  Requested account Id: tantou@nihon ── 残高を確認するアカウントとして tantou@nihon を指定
21  Requested asset Id: prepay#nihon ──── 残高を確認するアセットとして prepay#nihon を指定
```

```
22   Query is formed. Choose what to do:
23   1. Send to Iroha peer (send)
≋
26   > : 1 ──────────────────────────────────────────── メニューの「1」を入力
27   Peer address (0.0.0.0): ──────────────────────────── このまま改行する
28   Peer port (50051): ─────────────── このまま改行する（アセット残高が表示される）
29   [2019-07-22 16:19:42.148409658][I][CLI/ResponseHandler/Query]: [Account Assets]
30   [2019-07-22 16:19:42.148445035][I][CLI/ResponseHandler/Query]: -Account Id:-
     tantou@nihon
31   [2019-07-22 16:19:42.148448530][I][CLI/ResponseHandler/Query]: -Asset Id-
     prepay#nihon
32   [2019-07-22 16:19:42.148451227][I][CLI/ResponseHandler/Query]: -Balance- 10.5
33   [2019-07-22 16:19:42.148454098][I][CLI/ResponseHandler/Query]: -Account Id:-
     tantou@nihon
34   [2019-07-22 16:19:42.148456719][I][CLI/ResponseHandler/Query]: -Asset Id-
     ticket#nihon
35   [2019-07-22 16:19:42.148459246][I][CLI/ResponseHandler/Query]: -Balance- 2
36   [2019-07-22 16:19:42.148461773][I][CLI/ResponseHandler/Query]: -Account Id:-
     tantou@nihon
37   [2019-07-22 16:19:42.148464346][I][CLI/ResponseHandler/Query]: -Asset Id-
     total#nihon
38   [2019-07-22 16:19:42.148466833][I][CLI/ResponseHandler/Query]: -Balance- 30.1
39   ----------------------
40   Choose what to do: ──────────────────────────────────────── 続ける
≋
42   2. New query (qry)
≋
44   > : 2 ──────────────────────────────────────────── メニューの「2」を入力
45   Choose query:
≋
53   8. Get Account's Assets (get_acc_ast)
≋
56   > : 8 ──────────────────────────────────────────── メニューの「8」を入力
57   Requested account Id (tantou@nihon): kanri@nihon ─┐
                                       残高を確認するアカウントとして kanri@nihon を指定
58   Requested asset Id (prepay#nihon): prepay#nihon ──── 残高を確認するアセットとして
59   Query is formed. Choose what to do:                 prepay#nihon を指定
60   1. Send to Iroha peer (send)
≋
63   > : 1 ──────────────────────────────────────────── メニューの「1」を入力
```

```
64   Peer address (0.0.0.0):                                    このまま改行する
65   Peer port (50051):                      このまま改行する（アセット残高が表示される）
66   [2019-07-22 16:20:30.047543335][I][CLI/ResponseHandler/Query]: [Account Assets]
67   [2019-07-22 16:20:30.047557241][I][CLI/ResponseHandler/Query]: -Account Id:-
     kanri@nihon
68   [2019-07-22 16:20:30.047559058][I][CLI/ResponseHandler/Query]: -Asset Id-
     prepay#nihon
69   [2019-07-22 16:20:30.047560375][I][CLI/ResponseHandler/Query]: -Balance- 90.05
70   [2019-07-22 16:20:30.047561598][I][CLI/ResponseHandler/Query]: -Account Id:-
     kanri@nihon
71   [2019-07-22 16:20:30.047562756][I][CLI/ResponseHandler/Query]: -Asset Id-
     ticket#nihon
72   [2019-07-22 16:20:30.047564091][I][CLI/ResponseHandler/Query]: -Balance- 18
73   [2019-07-22 16:20:30.047565208][I][CLI/ResponseHandler/Query]: -Account Id:-
     kanri@nihon
74   [2019-07-22 16:20:30.047566369][I][CLI/ResponseHandler/Query]: -Asset Id-
     total#nihon
75   [2019-07-22 16:20:30.047567464][I][CLI/ResponseHandler/Query]: -Balance- 270.4
```

3.2.8 トランザクションの内容確認（New query サブメニュー③）

　トランザクションのハッシュ値からトランザクションの内容を参照することが可能です。後から、どのような処理（Command）が行われたのか確認することが可能です。

トランザクション確認方法（例：ドメイン作成時）

　New query サブメニューの「2. Get Transactions by transactions' hashes (get_tx)」は、トランザクションのハッシュ値を入力すると該当トランザクションの内容を表示します。入力する内容と出力は、次のとおりです。ここでは 3.2.3 項内のドメインの作成でのトランザクションを確認します（p.94 参照）。

《Advice》

お手元の環境で表示されたハッシュ値に置き換えて実施してください。

① iroha-cli コマンドを admin@test アカウントで起動
   `iroha-cli -account_name admin@test`
② Top メニュー [2. New query (qry)] を選択
③ New query サブメニュー [2. Get Transactions by transactions' hashes (get_tx)] を
   選択

④ トランザクションのハッシュ値を入力します。これは「ドメインの作成」の際に出力した
トランザクションのハッシュ値です（実行時に表示されたハッシュ値に置き換えます）
Requested tx hashes: **93d6df96370b3d0159a70d2f29cfe71ab3048fa24435c2f5fb5bf7fd7c1**
f6e99

⑤ Query is formed メニュー［1. Send to Iroha peer (send)］を選択

⑥ アドレスはデフォルト値の 0.0.0.0 となるためそのまま Enter
Peer address

⑦ ポートはデフォルト値の 50051 となるためそのまま Enter
Peer port

⑧ 問い合わせ結果が表示されます（以下の出力は日付などの情報を省略しています）
 [Transaction]
 -Hash- 93d6df96370b3d0159a70d2f29cfe71ab3048fa24435c2f5fb5bf7fd7c1f
6e99
 -Creator Id- admin@test
 -Created Time- 1563809610359
 -Commands- 1
 CreateDomain: [domain_id=nihon, user_default_role=money_creator,]

ブロック内容の 2 行目は、トランザクションのハッシュ値です。

3 行目は、トランザクションを作成したアカウント ID です。

4 行目は、実行時の時刻です。UNIX 形式の時刻値で表示します。

5 行目は、ブロック内のトランザクション数です。

6 行目がトランザクションの内容となります。確かに処理が、「CreateDomain」となっています。
作成したドメインの内容も「domain_id=nihon」と「user_default_role=money_creator」となっ
ています。

　iroha-cli コマンドは、ブロックの参照（can_get_blocks）権限を持つ admin@test アカウント
などで起動します。ターミナルでの操作は、次のとおりです。

Terminal 3-2-16 トランザクションを参照する操作ログ（例：nihon ドメイン作成時）

```
 1  iroha-cli -account_name admin@test ── admin@test アカウントで iroha-cli コマンドを起動
 2  Welcome to Iroha-Cli.
 3  Choose what to do:
 ≋
 5  2. New query (qry)
 ≋
 7  > : 2 ──────────────────────────────── メニューの「2」を入力
 8  Choose query:
 ≋
10  2. Get Transactions by transactions' hashes (get_tx)
 ≋
19  > : 2 ──────────────────────────────── メニューの「2」を入力
```

```
20   Requested tx hashes: 93d6df96370b3d0159a70d2f29cfe71ab3048fa24435c2f5fb5bf7fd7c1f
     6e99 ───────────────────────────────────── トランザクションのハッシュ値を入力
21   Query is formed. Choose what to do:
22   1. Send to Iroha peer (send)
  ≈
25   > : 1 ──────────────────────────────────────────── メニューの「1」を入力
26   Peer address (0.0.0.0): ──────────────────────────── このまま改行する
27   Peer port (50051): ──────────── このまま改行する（トランザクションの内容が表示される）
28   [2019-07-22 16:22:55.355102605][I][CLI/ResponseHandler/Query]: [Transaction]
29   [2019-07-22 16:22:55.355151554][I][CLI/ResponseHandler/Query]: -Hash- 93d6df96370
     b3d0159a70d2f29cfe71ab3048fa24435c2f5fb5bf7fd7c1f6e99
30   [2019-07-22 16:22:55.355156191][I][CLI/ResponseHandler/Query]: -Creator Id-
     admin@test
31   [2019-07-22 16:22:55.355159222][I][CLI/ResponseHandler/Query]: -Created Time-
     1563809610359
32   [2019-07-22 16:22:55.355162104][I][CLI/ResponseHandler/Query]: -Commands- 1
33   [2019-07-22 16:22:55.355174841][I][CLI/ResponseHandler/Query]:  CreateDomain:
     [domain_id=nihon, user_default_role=money_creator, ]
```

　3.2 節までで、iroha-cli コマンドによってプログラミングなしに Hyperledger Iroha の操作が体験できました。

　第 4 章の例題は、第 3 章の 3.2 節終了時をベースとしています。特にドメイン（nihon）、3 つのアカウント（kanri@nihon、tantou@nihon、user@nihon）、3 つのアセット（prepay#nihon、ticket#nihon、total#nihon）の作成および kanri@nihon アカウントの 3 つのアセットの残高が確実に存在する状態を保って、第 4 章の例題に挑んでください。なお、仮想 PC をクローンするなど現在の状態を保存することをお勧めします。

　この後の 3.3 節では、Hyperledger Iroha 再構築して権限不足により実行できなかったロールの作成や減算などを実施します。

3.3 Hyperledger Iroha 環境の再構築とターミナルによる操作（iroha-cli コマンド）

　Hyperledger Iroha のインストール時に提供される config.docker ファイルは、実は一部の権限が付与（設定）されているだけです。そのため、ロールの作成や付与と削除ができません。また、アセットの減算もできません。これらを実行するには、初期の付与権限を増やす必要があります。admin@test アカウントに設定されている admin ロールおよび money_creator ロールの権限を増やして、ロールの作成やアセットの減算を試します。

少ない手間での実現方法として、config.docker ファイル内の権限の記述を修正してから起動するという、再構築の手順を解説します。Hyperledger Iroha 再構築後に、ロールの作成および付与、そしてアセットの減算を解説します。

❊ 3.3.1 Hyperledger Iroha 環境の再構築方法

Hyperledger Iroha には、強制的にブロックチェーンと World State View を初期化して起動するオプションがあります。このオプションを使用すれば、簡単に再構築が可能です。

第 4 章の例題は、3.2 節が完了した状態を想定しています。3.3 節の例題実行にあたっては、VirtualBox のクローン機能を使用して、仮想 PC のクローン（複製）を作成して、クローン側で実施することをおすすめいたします。VirtualBox の仮想 PC は、OS も含めて丸ごと複製しますので、手軽なバックアップとして使用できます。複製があれば、旧来の環境が残りますので、新旧を比較することも可能になります。

再構築手順の概要は、次のとおりです。

① VirtualBox のクローン機能で仮想 PC を複製
② genesis.block ファイルを Docker ホストにコピー
③ Docker ホストで書き換えます
④ genesis.block ファイルを Docker ホストからコピー
　　これで genesis.block ファイルが置き換わります
⑤ irohad プロセス再起動。強制的に初期化します
　　irohad --config config.docker --genesis_block genesis.block --keypair_name node0
　　--overwrite_ledger

《Advice》

注意！「--overwrite_ledger」による起動時の初期化は、即座（確認メッセージなどなく）に実施されます。

genesis.block ファイルの変更

まず、iroha コンテナの genesis.block ファイルをデスクトップにコピーします。iroha コンテナの /opt/iroha_data/ は、Docker ホストの ~/iroha/example/ とリンクしています。そのため、以下のコマンドでデスクトップにコピーできます。さらに書込み可能にします。

エディタで変更できるように、コピーした genesis.block ファイルの権限を chmod コマンドで変更します。そして、gedit 等のエディタで書き換えます。

Terminal 3-3-1 　genesis.block ファイルをデスクトップにコピーする操作

```
1  sudo cp ~/iroha/example/genesis.block ~/デスクトップ
2  sudo chmod u+w,g+w,o+w ~/デスクトップ/genesis.block
```

Chart 3-3-1 genesis.block ファイルの変更内容（太字が追加部分）

```
 1    {
≈
17                    {
18                        "createRole":{
19                            "roleName":"admin",
20                            "permissions":[
21                                "can_add_peer",
22                                "can_add_signatory",
23                                "can_create_account",
24                                "can_create_domain",
25                                "can_create_role",            ─── 追加部分
26                                "can_append_role",            ─── 追加部分
27                                "can_detach_role",            ─── 追加部分
28                                "can_get_all_acc_ast",
29                                "can_get_all_acc_ast_txs",
30                                "can_get_all_acc_detail",
31                                "can_get_all_acc_txs",
32                                "can_get_all_accounts",
33                                "can_get_all_signatories",
34                                "can_get_all_txs",
35                                "can_get_blocks",
36                                "can_get_roles",
37                                "can_read_assets",
38                                "can_remove_signatory",
39                                "can_set_quorum"
40                            ]
41                        }
42                    },
≈
67                    {
68                        "createRole":{
69                            "roleName":"money_creator",
70                            "permissions":[
71                                "can_add_asset_qty",
72                                "can_subtract_asset_qty",     ─── 追加部分
73                                "can_create_asset",
74                                "can_receive",
75                                "can_transfer"
76                            ]
```

```
77 |                     }
78 |                 },
   ≈
129 | }
```

上記のように genesis.block ファイルに、合計 4 行追加します。権限名のスペル／ダブルクォーテーション／カンマのいずれが間違ってもエラーとなります。

25 〜 27 行目で、admin ロールの権限「can_create_role」（ロールの作成権限）と「can_append_role」（アカウントへのロールの付与権限）と「can_detach_role」（アカウントからロールの削除権限）を追加しています。

72 行目で、money_creator ロールの権限「can_subtract_asset_qty」（アカウントからのアセット減算権限）を追加しています。

genesis.block ファイルの修正後は、iroha コンテナ内の genesis.block ファイルを、新しいファイルに置き換えます。

Terminal 3-3-2 genesis.block ファイルのバックアップとコピーする操作

```
1  sudo cp ~/iroha/example/genesis.block ~/iroha/example/genesis.block.org
2  sudo cp ~/デスクトップ/genesis.block ~/iroha/example/
```

1 行目で、iroha コンテナの genesis.block ファイルを別名でバックアップします。2 行目で、Docker ホストで変更した genesis.block ファイルを iroha コンテナにコピーします。

Hyperledger Iroha の初期化およびエラー時のメッセージ出力例

あとは、次のように、iroha コンテナにて、強制的に初期化するパラメータを指定して irohad プロセスを起動します。

Terminal 3-3-3 irohad プロセスの起動（強制的に初期化）パラメータ

```
1  irohad --config config.docker --genesis_block genesis.block --keypair_name node0
   --overwrite_ledger
```

再起動なので、「**--genesis_block genesis.block**」を指定します。末尾の「**-overwrite_ledger**」は、強制的に Hyperledger Iroha を初期化して起動するオプションです。ブロックストアも World State View もすべて初期化され、変更した genesis_block ファイルの内容で Hyperledger Iroha が再構築されます。

genesis.block ファイルに間違いがあると、エラーとなり irohad プロセスは起動しません。その場合には、genesis_block ファイルの書き換えた箇所を確認してください。

```
 1  irohad --config config.docker --genesis_block genesis.block --keypair_name node0
    --overwrite_ledger
 2  [2019-07-16 08:31:09.816739906][I][Init]: Irohad version: b953c83
 3  [2019-07-16 08:31:09.816926273][I][Init]: config initialized
 4  [2019-07-16 08:31:09.834819294][I][Irohad]: created
 5  [2019-07-16 08:31:09.835134429][I][Irohad/Storage]: Start storage creation
 6  [2019-07-16 08:31:09.835596753][I][Irohad/Storage]: block store created
 7  [2019-07-16 08:31:11.991299396][I][Irohad]: [Init] => storage
 8  [2019-07-16 08:31:15.288836186][I][Irohad/Storage]: create mutable storage
 9  [2019-07-16 08:31:15.288955174][I][Irohad/Storage]: get(0) file not found
10  [2019-07-16 08:31:15.288990089][E][Irohad/Storage]: Could not get top block:
    Failed to retrieve block with height 0 ───────────── エラーメッセージ
 ≋ （さらにメッセージを出力して停止します）
```

この例では、genesis_block ファイルに誤りがあったので、「Could not get top block: Failed to retrieve block with height 0」を出力して irohad プロセスが停止したことがわかります。

🔖 3.3.2 ロールの作成と権限の確認

Hyperledger Iroha の再構築によって、**ロールの作成**権限が付与されました。実際に新たにロールを作成して、アカウントに付与する操作を解説します。

ロールの作成方法

新たなロールの作成には、New transaction サブメニューの「3. Create new role (crt_role)」を使用して、対話形式で作成します。権限ごとの要否を指定していきます。必要な場合は「1」を入力します。不要な場合には Enter キーを押すのみです。入力する内容と出力は、次に示すとおりです。ここでは test ロールを作成します。

① iroha-cli コマンドを admin@test アカウントで起動
　 `iroha-cli -account_name admin@test`
② Top メニュー［1. New transaction (tx)］を選択
③ New transaction サブメニュー［3. Create new role (crt_role)］を選択
④ ロール名を入力します
　 Role name: **test**
⑤ 自分のアカウント情報を閲覧可能（1 で yes）
　 Can read all information about their account: **1**
⑥ 票数とサインを変更可能（1 で yes）
　 Can change their quorum/signatory: **1**

⑦ 他のすべてのアカウントを参照可能（1 で yes）
   Can read all other accounts: **1**
⑧ アセットの転送および受信可能（1 で yes）
   Can receive/transfer assets: **1**
⑨ アセットの作成と加算可能（1 で yes）
   Can create/add new assets: **1**
⑩ ドメインが作成可能（1 で yes）
   can_create_domain: **1**
⑪ ロールの作成と付与可能（1 で yes）
   Can create/append roles: **1**
⑫ アカウントを作成可能（1 で yes）
   can_create_account: **1**
⑬ Command is formed メニュー［2. Send to Iroha peer (send)］を選択
⑭ アドレスはデフォルト値の 0.0.0.0 となるためそのまま Enter
   Peer address
⑮ ポートはデフォルト値の 50051 となるためそのまま Enter
   Peer port
⑯ トランザクション結果が表示されます
   Transaction successfully sent
   Congratulation, your transaction was accepted for processing.
   Its hash is 7767f6a1a949f1e0ad50149a405d110fec4aaaa9c66aa28d7ff472cde
   b81359f

それぞれ、ロール名を入力後に権限に関する質問に答える形で権限を選択します。test ロールでは、すべての質問に「1」を入力します。

《**Memo**》

> ロールの作成時に基本的な権限の付与が可能です。不足している権限は、別途、API でロールの作成および付与します。

admin@test アカウントなどの、ロールの作成権限（can_create_role）を持つアカウントで iroha-cli コマンドを起動します。操作は次のとおりです。

Terminal 3-3-5　test ロールを作成する操作ログ

```
1  iroha-cli -account_name admin@test ── admin@test アカウントで iroha-cli コマンドを起動
2  Welcome to Iroha-Cli.
3  Choose what to do:
4  1. New transaction (tx)
≈
7  > : 1 ──────────────────────────── メニューの「1」を入力
8  Forming a new transactions, choose command to add:
```

```
 11   3. Create new role (crt_role)

 26   > : 3 ───────────────────────────────────────────────   メニューの「3」を入力
 27   Role name: test ─────────────────────────────────   新しいロールとして test を入力
 28   Can read all information about their account: 1 ──   必要な権限なので 1 を入力
 29   Can change their quorum/signatory: 1 ────────────   必要な権限なので 1 を入力
 30   Can read all other accounts: 1 ──────────────────   必要な権限なので 1 を入力
 31   Can receive/transfer assets: 1 ──────────────────   必要な権限なので 1 を入力
 32   Can create/add new assets: 1 ────────────────────   必要な権限なので 1 を入力
 33   can_create_domain: 1 ────────────────────────────   必要な権限なので 1 を入力
 34   Can create/append roles: 1 ──────────────────────   必要な権限なので 1 を入力
 35   can_create_account: 1 ───────────────────────────   必要な権限なので 1 を入力
 36   Command is formed. Choose what to do:

 38   2. Send to Iroha peer (send)

 41   > : 2 ───────────────────────   メニューの「2」を入力し、トランザクションを送る
 42   Peer address (0.0.0.0): ───────────────────────────   このまま改行する
 43   Peer port (50051): ──────── このまま改行する（トランザクションのハッシュ値が表示される）
 44   [2019-07-04 12:41:29.823096236][I][CLI/ResponseHandler/Transaction]: Transaction
      successfully sent
 45   Congratulation, your transaction was accepted for processing.
 46   Its hash is 7767f6a1a949f1e0ad50149a405d110fec4aaaa9c66aa28d7ff472cdeb81359f
```

ロールに集約された権限の確認方法

　ロールに付与されている権限は、New query サブメニューの「1. Get all permissions related to role (get_role_perm)」を使用して、確認できます。入力する内容と出力は、次のとおりです。

① iroha-cli コマンドを admin@test アカウントで起動
　 `iroha-cli -account_name admin@test`
② Top メニュー ［2. New query (qry)］ を選択
③ New query サブメニュー ［1. Get all permissions related to role (get_role_perm)］
　 を選択
④ ロール名を入力します
　 Requested role name: **test**
⑤ Query is formed メニュー ［1. Send to Iroha peer (send)］ を選択
⑥ アドレスはデフォルト値の 0.0.0.0 となるためそのまま Enter
　 Peer address

⑦ ポートはデフォルト値の 50051 となるためそのまま Enter
Peer port
⑧ 問い合わせ結果が表示されます（以下の出力は日付などの情報を省略しています）
can_ append_role
can_create_ role
can_add_ asset_qty
can_add_ signatory
can_ remove_signatory
can_set_ quorum
can_create_ account
can_create_ asset
can_transfer
can_receive
can_create_ domain
can_read_ assets
can_get_ roles
can_get_ my_account
can_get_all_ accounts
can_get_ my_signatories
can_get_all_ signatories
can_get_ my_acc_ast
can_get_all_ acc_ast
can_get_ my_acc_detail
can_get_all_ acc_detail
can_get_ my_acc_txs
can_get_all_ acc_txs
can_get_ my_acc_ast_txs
can_get_all_ acc_ast_txs
can_get_ my_txs
can_get_all_ txs
can_grant_ can_set_my_quorum
can_grant_ can_add_my_signatory
can_grant_ can_remove_my_signatory
can_grant_ can_transfer_my_assets
can_grant_ can_set_my_account_detail
can_get_ blocks

　test ロールの作成では、権限に関するすべての質問について「1」を入力しました。1 つの質問で複数の権限が付与されているため、質問数以上の多くの権限が付与されています。
　iroha-cli コマンドは、ロールの作成権限（can_create_role）を持つ admin@test アカウントなどで起動します。ターミナルでの操作は、次のとおりです。

Terminal 3-3-6 test ロールの権限を確認するための操作ログ

```
 1  iroha-cli -account_name admin@test ── admin@test アカウントで iroha-cli コマンドを起動
 2  Welcome to Iroha-Cli.
 3  Choose what to do:
 ≋
 5  2. New query (qry)
 ≋
 7  > : 2 ──────────────────────────────────────── メニューの「2」を入力
 8  Choose query:
 9  1. Get all permissions related to role (get_role_perm)
 ≋
19  > : 1 ──────────────────────────────────────── メニューの「1」を入力
20  Requested role name: test ─────────────── 確認するロールとして test を指定
21  Query is formed. Choose what to do:
22  1. Send to Iroha peer (send)
 ≋
25  > : 1 ──────────────────────────────────────── メニューの「1」を入力
26  Peer address (0.0.0.0): ──────────────────────── このまま改行する
27  Peer port (50051): ──────────── このまま改行する（ロールの権限が表示される）
28  [2019-07-04 12:42:35.698562657][I][CLI/ResponseHandler/Query]:  can_append_role
29  [2019-07-04 12:42:35.698728525][I][CLI/ResponseHandler/Query]:  can_create_role
30  [2019-07-04 12:42:35.698826591][I][CLI/ResponseHandler/Query]:  can_add_asset_qty
31  [2019-07-04 12:42:35.698908483][I][CLI/ResponseHandler/Query]:  can_add_signatory
32  [2019-07-04 12:42:35.698991289][I][CLI/ResponseHandler/Query]:  can_remove_
    signatory
33  [2019-07-04 12:42:35.699072525][I][CLI/ResponseHandler/Query]:  can_set_quorum
34  [2019-07-04 12:42:35.699151125][I][CLI/ResponseHandler/Query]:  can_create_
    account
35  [2019-07-04 12:42:35.699234336][I][CLI/ResponseHandler/Query]:  can_create_asset
36  [2019-07-04 12:42:35.699320173][I][CLI/ResponseHandler/Query]:  can_transfer
37  [2019-07-04 12:42:35.699410965][I][CLI/ResponseHandler/Query]:  can_receive
38  [2019-07-04 12:42:35.699514138][I][CLI/ResponseHandler/Query]:  can_create_domain
39  [2019-07-04 12:42:35.699614216][I][CLI/ResponseHandler/Query]:  can_read_assets
40  [2019-07-04 12:42:35.699681099][I][CLI/ResponseHandler/Query]:  can_get_roles
41  [2019-07-04 12:42:35.699748591][I][CLI/ResponseHandler/Query]:  can_get_my_
    account
42  [2019-07-04 12:42:35.699815255][I][CLI/ResponseHandler/Query]:  can_get_all_
    accounts
43  [2019-07-04 12:42:35.699882541][I][CLI/ResponseHandler/Query]:  can_get_my_
    signatories
```

```
44  [2019-07-04 12:42:35.699954563][I][CLI/ResponseHandler/Query]:  can_get_all_
    signatories
45  [2019-07-04 12:42:35.700027777][I][CLI/ResponseHandler/Query]:  can_get_my_acc_
    ast
46  [2019-07-04 12:42:35.700094355][I][CLI/ResponseHandler/Query]:  can_get_all_acc_
    ast
47  [2019-07-04 12:42:35.700161987][I][CLI/ResponseHandler/Query]:  can_get_my_acc_
    detail
48  [2019-07-04 12:42:35.700233308][I][CLI/ResponseHandler/Query]:  can_get_all_acc_
    detail
49  [2019-07-04 12:42:35.700300098][I][CLI/ResponseHandler/Query]:  can_get_my_acc_
    txs
50  [2019-07-04 12:42:35.700367483][I][CLI/ResponseHandler/Query]:  can_get_all_acc_
    txs
51  [2019-07-04 12:42:35.700447604][I][CLI/ResponseHandler/Query]:  can_get_my_acc_
    ast_txs
52  [2019-07-04 12:42:35.700518906][I][CLI/ResponseHandler/Query]:  can_get_all_acc_
    ast_txs
53  [2019-07-04 12:42:35.700592165][I][CLI/ResponseHandler/Query]:  can_get_my_txs
54  [2019-07-04 12:42:35.700664301][I][CLI/ResponseHandler/Query]:  can_get_all_txs
55  [2019-07-04 12:42:35.700731946][I][CLI/ResponseHandler/Query]:  can_grant_can_
    set_my_quorum
56  [2019-07-04 12:42:35.700803012][I][CLI/ResponseHandler/Query]:  can_grant_can_
    add_my_signatory
57  [2019-07-04 12:42:35.700874261][I][CLI/ResponseHandler/Query]:  can_grant_can_
    remove_my_signatory
58  [2019-07-04 12:42:35.700942181][I][CLI/ResponseHandler/Query]:  can_grant_can_
    transfer_my_assets
59  [2019-07-04 12:42:35.701017207][I][CLI/ResponseHandler/Query]:  can_grant_can_
    set_my_account_detail
60  [2019-07-04 12:42:35.701088483][I][CLI/ResponseHandler/Query]:  can_get_blocks
```

アカウントへロールの付与方法

次に、アカウントへの**ロールの付与**を行います。

ロールの付与は、New transaction サブメニューの「2. Add new role to account (apnd_role)」を使用します。

ここでは、admin@test アカウントへ、上記で作った test ロールを付与します。入力する内容と出力は、次のとおりです。

① iroha-cli コマンドを admin@test アカウントで起動
   `iroha-cli -account_name admin@test`
② Top メニュー［1. New transaction (tx)］を選択
③ New transaction サブメニュー［2. Add new role to account (apnd_role)］を選択
④ アカウント ID を入力します
   Account Id: `admin@test`
⑤ ロール名を入力します
   Role name: `test`
⑥ Command is formed メニュー［2. Send to Iroha peer (send)］を選択
⑦ アドレスはデフォルト値の 0.0.0.0 となるためそのまま Enter
   Peer address
⑧ ポートはデフォルト値の 50051 となるためそのまま Enter
   Peer port
⑨ トランザクション結果が表示されます
   Transaction successfully sent
   Congratulation, your transaction was accepted for processing.
   Its hash is 77860d7f047670bf8543d5259fc056765de06265d4e19e6cfe46eded
   db3e3fe5
⑩ Top メニュー［2. New query (qry)］を選択
⑪ New query サブメニュー［9. Get Account Information (get_acc)］を選択
⑫ アカウント ID を入力します
   Requested account Id: `admin@test`
⑬ Query is formed メニュー［1. Send to Iroha peer (send)］を選択
⑭ アドレスはデフォルト値の 0.0.0.0 となるためそのまま Enter
   Peer address
⑮ ポートはデフォルト値の 50051 となるためそのまま Enter
   Peer port
⑯ 問い合わせ結果が表示されます（以下の出力は日付などの情報を省略しています）
   [Account]:
   -Account Id:- admin@test
   -Domain- test
   -Roles-:
    admin
    money_ creator
    test
    user
   -Data-: {}

　iroha-cli コマンドは、ロールの付与権限（can_append_role）が追加された admin@test アカウントで起動します。ターミナルでの操作は、次のとおりです。

```
 1  iroha-cli -account_name admin@test ──── admin@test アカウントで iroha-cli コマンドを起動
 2  Welcome to Iroha-Cli.
 3  Choose what to do:
 4  1. New transaction (tx)
 ≋
 7  > : 1 ─────────────────────────────────────── メニューの「1」を入力
 8  Forming a new transactions, choose command to add:
 ≋
10  2. Add new role to account (apnd_role)
 ≋
26  > : 2 ─────────────────────────────────────── メニューの「2」を入力
27  Account Id: admin@test ──── ロールを追加するアカウントとして admin@test を指定
28  Role name: test ──────────────── ロール名として test を指定
29  Command is formed. Choose what to do:
 ≋
31  2. Send to Iroha peer (send)
 ≋
34  > : 2 ───────────── メニューの「2」を入力し、トランザクションを送る
35  Peer address (0.0.0.0): ─────────────────── このまま改行する
36  Peer port (50051): ───── このまま改行する（トランザクションのハッシュ値が表示される）
37  [2019-07-24 00:04:36.323730958][I][CLI/ResponseHandler/Transaction]: Transaction
    successfully sent
38  Congratulation, your transaction was accepted for processing.
39  Its hash is 77860d7f047670bf8543d5259fc056765de06265d4e19e6cfe46ededdb3e3fe5
40  --------------------
41  Choose what to do: ─────────────────────────────── 続ける
 ≋
43  2. New query (qry)
 ≋
45  > : 2 ─────────────────────────────────────── メニューの「2」を入力
46  Choose query:
 ≋
55  9. Get Account Information (get_acc)
 ≋
57  > : 9 ─────────────────────────────────────── メニューの「9」を入力
58  Requested account Id: admin@test ──────── 確認するアカウントとして admin@test を指定
59  Query is formed. Choose what to do:
60  1. Send to Iroha peer (send)
 ≋
```

```
63  > : 1 ─────────────────────────────────────── メニューの「1」を入力
64  Peer address (0.0.0.0): ─────────────────────────── このまま改行する
65  Peer port (50051): ──────── このまま改行する（admin@test のロール一覧が表示される）
66  [2019-07-24 00:04:56.251339713][I][CLI/ResponseHandler/Query]: [Account]:
67  [2019-07-24 00:04:56.251371778][I][CLI/ResponseHandler/Query]: -Account Id:-
    admin@test
68  [2019-07-24 00:04:56.251380503][I][CLI/ResponseHandler/Query]: -Domain- test
69  [2019-07-24 00:04:56.251388313][I][CLI/ResponseHandler/Query]: -Roles-:
70  [2019-07-24 00:04:56.251398367][I][CLI/ResponseHandler/Query]:   admin
71  [2019-07-24 00:04:56.251405417][I][CLI/ResponseHandler/Query]:   money_creator
72  [2019-07-24 00:04:56.251411372][I][CLI/ResponseHandler/Query]:   test ─────
                                                                    test ロールが確認できる
73  [2019-07-24 00:04:56.251417182][I][CLI/ResponseHandler/Query]:   user
74  [2019-07-24 00:04:56.251423467][I][CLI/ResponseHandler/Query]: -Data-: {}
```

　最後から 3 行目に test ロールが表示されているので、admin@test アカウントへの test ロール
の追加が行われています。

3.3.3 アセットの減算

　再構築が完成しましたので、**アセットの減算**を行います。

　アセットの減算は、単に指定したアカウントのアセットを減算するのみです。アセットの転送
とは異なり、減算したアセットの行き先はありません。

　実行前に admin@test アカウントの coin#test アセットに 3.1 以上の加算を行ってください。こ
の例では、減算前の残高は 111.11 です。アセットの減算により、3.1 ほど減算されて減算後の残
高は 108.01 となりました。

　減算する値は、減算対象を上回らないようにしてください。また、精度を超えないように注意
してください。いずれもトランザクションが処理されません。

アセットの減算と残高確認方法

　この例では、admin@test アカウントには、事前に coin#test アセットに 111.11 を加算してあ
ります（アセットの加算手順は 3.2.6 項のアセットの加算を参照してください）。

　アセットの減算には、New transaction サブメニューの「7. Subtract Assets Quantity (sub_ast_
qty)」を使用します。ここでは、admin@test アカウントから coin#test アセットで 3.1 を減算します。

　減算の前と後で残高確認も行います。入力する内容と出力は、次のとおりです。

《Advice》

　減算対象のアカウントで iroha-cli コマンドを起動します。

① iroha-cli コマンドを admin@test アカウントで起動
　iroha-cli -account_name admin@test
② Top メニュー［2. New query (qry)］を選択
③ New query サブメニュー［8. Get Account's Assets (get_acc_ast)］を選択
④ アカウント ID を入力します
　Requested account Id: admin@test
⑤ アセット ID を入力します
　Requested asset Id: coin#test
⑥ Query is formed メニュー［1. Send to Iroha peer (send)］を選択
⑦ アドレスはデフォルト値の 0.0.0.0 となるためそのまま Enter
　Peer address
⑧ ポートはデフォルト値の 50051 となるためそのまま Enter
　Peer port
⑨ 問い合わせ結果が表示されます（以下の出力は日付などの情報を省略しています）
　[Account Assets]
　-Account Id:- admin@test
　-Asset Id- coin#test
　-Balance- 111.11
⑩ Top メニュー［1. New transaction (tx)］を選択
⑪ New transaction サブメニュー［7. Subtract Assets Quantity (sub_ast_qty)］を選択
⑫ アセット ID を入力します
　Asset Id: coin#test
⑬ 減算する値を入力します
　Amount to subtract: 3.1
⑭ Command is formed メニュー［2. Send to Iroha peer (send)］を選択
⑮ アドレスはデフォルト値の 0.0.0.0 となるためそのまま Enter
　Peer address
⑯ ポートはデフォルト値の 50051 となるためそのまま Enter
　Peer port
⑰ トランザクション結果が表示されます
　Transaction successfully sent
　Congratulation, your transaction was accepted for processing.
　Its hash is 79bebafb73ecdec23ec465eb63c7b5c5c04dc699acd3d3db6875a89
　ae66d1349
⑱ Top メニュー［2. New query (qry)］を選択
⑲ New query サブメニュー［8. Get Account's Assets (get_acc_ast)］を選択
⑳ アカウント ID を入力します（上記と同じです）
　Requested account Id: admin@test
㉑ アセット ID を入力します（上記と同じです）
　Requested asset Id: coin#test
㉒ Query is formed メニュー［1. Send to Iroha peer (send)］を選択
㉓ アドレスはデフォルト値の 0.0.0.0 となるためそのまま Enter
　Peer address

㉔ ポートはデフォルト値の 50051 となるためそのまま Enter
Peer port
㉕ 問い合わせ結果が表示されます（以下の出力は日付などの情報を省略しています）
[Account Assets]
-Account Id:- admin@test
-Asset Id- coin#test
-Balance- 108.01

iroha-cli コマンドは、アセットの減算権限（can_subtract_asset_qty）を持つ admin@test アカウントなどで起動します。操作は、次のとおりです。ここでは、残高の確認をしてから減算します。

Terminal 3-3-8 admin@test アカウントの coin#test アセットの減算と残高確認の操作ログ

```
 1  iroha-cli -account_name admin@test ── admin@test アカウントで iroha-cli コマンドを起動
 2  Welcome to Iroha-Cli.
 3  Choose what to do:
 ～
 5  2. New query (qry)
 ～
 7  > : 2 ───────────────────────────────────── メニューの「2」を入力
 8  Choose query:
 ～
16  8. Get Account's Assets (get_acc_ast)
 ～
19  > : 8 ───────────────────────────────────── メニューの「8」を入力
20  Requested account Id: admin@test ────────── 残高を確認する admin@test を指定
21  Requested asset Id: coin#test ───────────── 残高を確認する coin#test を指定
22  Query is formed. Choose what to do:
23  1. Send to Iroha peer (send)
 ～
26  > : 1 ───────────────────────────────────── メニューの「1」を入力
27  Peer address (0.0.0.0): ─────────────────── このまま改行する
28  Peer port (50051): ──────────────────────── このまま改行する（残高が表示される）
29  [2019-07-16 09:46:35.703707104][I][CLI/ResponseHandler/Query]: [Account Assets]
30  [2019-07-16 09:46:35.703765973][I][CLI/ResponseHandler/Query]: -Account Id:-
    admin@test
31  [2019-07-16 09:46:35.703775373][I][CLI/ResponseHandler/Query]: -Asset Id-
    coin#test
32  [2019-07-16 09:46:35.703782673][I][CLI/ResponseHandler/Query]: -Balance-
    111.11 ──────────────────────────────────── 減算前の残高
33  --------------------
34  Choose what to do: ──────────────────────── 続けて減算する
```

```
35   1. New transaction (tx)
  ≈
38   > : 1 ─────────────────────────────────────── メニューの「1」を入力
39   Forming a new transactions, choose command to add:
  ≈
46   7. Subtract Assets Quantity (sub_ast_qty)
  ≈
57   > : 7 ─────────────────────────────────────── メニューの「7」を入力
58   Asset Id: coin#test ──────────────── 減算するアセットとして coin#test を指定
59   Amount to subtract, e.g 123.456: 3.1 ────────── 減算する値として 3.1 を指定
60   Command is formed. Choose what to do:
  ≈
62   2. Send to Iroha peer (send)
  ≈
65   > : 2 ──────────────── メニューの「2」を入力し、トランザクションを送る
66   Peer address (0.0.0.0): ─────────────────────── このまま改行する
67   Peer port (50051): ───── このまま改行する（トランザクションのハッシュ値が表示される）
68   [2019-07-16 09:47:23.129933949][I][CLI/ResponseHandler/Transaction]: Transaction
     successfully sent
69   Congratulation, your transaction was accepted for processing.
70   Its hash is 79bebafb73ecdec23ec465eb63c7b5c5c04dc699acd3d3db6875a89ae66d1349
71   ─────────────────────
72   Choose what to do: ──────────────────────────────── 続ける
  ≈
74   2. New query (qry)
  ≈
76   > : 2 ─────────────────────────────────────── メニューの「2」を入力
77   Choose query:
  ≈
85   8. Get Account's Assets (get_acc_ast)
  ≈
88   > : 8 ─────────────────────────────────────── メニューの「8」を入力
89   Requested account Id (admin@test): ───────────────── admin@test のまま
90   Requested asset Id (coin#test): ───────────────────── coin#test のまま
91   Query is formed. Choose what to do:
92   1. Send to Iroha peer (send)
  ≈
95   > : 1 ─────────────────────────────────────── メニューの「1」を入力
96   Peer address (0.0.0.0): ─────────────────────── このまま改行する
97   Peer port (50051): ───────── このまま改行する（減算された残高が表示される）
```

```
 98   [2019-07-16 09:47:56.877103587][I][CLI/ResponseHandler/Query]: [Account Assets]
 99   [2019-07-16 09:47:56.877165007][I][CLI/ResponseHandler/Query]: -Account Id:-
      admin@test
100   [2019-07-16 09:47:56.877176282][I][CLI/ResponseHandler/Query]: -Asset Id-
      coin#test
101   [2019-07-16 09:47:56.877184687][I][CLI/ResponseHandler/Query]: -Balance-
      108.01 ─────────────────────────────────── 減算後の残高
```

　第 3 章では、iroha-cli コマンドによって、プログラムなしでさまざまな操作を体感しました。また、3.3 節では、Hyperledger Iroha の初期化にもチャレンジしました。Hyperledger Iroha は、ノンプログラミングで操作できるので、手軽に短時間でブロックチェーンを体感できます。第 4 章では、クライアント API ライブラリを使用してプログラムから Hyperledger Iroha を操作します。クライアント API ライブラリは、iroha-cli コマンドよりも細かい操作が可能です。

4

Hyperledger Iroha
プログラミング

　第 4 章は、プログラムから Hyperledger Iroha を操作する方法を解説
します。本書では、4 種類のクライアントライブラリの中から JavaScript
を選択します。そしてサーバサイドで動作する Node.js が実行環境とな
ります。

　本章は、まず準備として、実行環境の構築と Hyperledger Iroha API
の基礎知識を解説します。環境構築から解説しますので、初めて Node.js
を使用する方でも本書の例題を実行できます。

　次に JavaScript での Hyperledger Iroha API の使用方法を解説します。
ソースコードは、機能別に細かく分けています。また、シンプルな内容
となっており、それぞれの API がどのような引数と戻り値なのか具体的
に解説します。

4.1 JavaScript による Hyperledger Iroha API 使用の基礎知識

Hyperledger Iroha は、サーバサイドの JavaScript 実行環境 Node.js 向けに JavaScript クライアントライブラリを提供しています。実際の動作を確認するには、手元に Node.js 実行環境が必要です。また、JavaScript クライアントライブラリを使用するには、モジュールを追加しなければなりません。さらに、第 5 章で解説する例題 Web アプリケーションでも追加インストールするモジュールがあります。

これらを含めて、JavaScript から Hyperledger Iroha API を使用する環境と構築について解説します。また、Hyperledger Iroha API の内容についても解説します。

4.1.1 JavaScript の実行環境の概要

サーバサイドの JavaScript 実行環境 Node.js は、2009 年に最初のバージョンがリリースされており、比較的新しいプログラミング言語と実行環境です。初めて使用する方向けに概要から解説します。

また、標準の Node.js 環境だけでは、JavaScript クライアントライブラリは動作しません。どのようなモジュールが必要なのかも解説します。

Node.js実行環境およびJavaScriptクライアントライブラリ導入先

Node.js 実行環境および JavaScript クライアントライブラリは、Ubuntu に導入します。Hyperledger Iroha（Peer：iroha コンテナおよび some-postgres コンテナ）から独立した別のサーバに構築するイメージです。つまり、JavaScript クライアントライブラリを使用した各例題のコードは、Ubuntu にコピーして実行します。

本書では、Hyperledger Iroha（Peer：iroha コンテナおよび some-postgres コンテナ）と対比する意味で Ubuntu 側を「Docker ホスト」と表現します。同様に「Docker ホストのホームディレクトリ」とは、Ubuntu のホームディレクトリと同意味です。

サーバサイドのJavaScript実行環境Node.js

一般的には、JavaScript は Web ブラウザで実行されます。Web ページに細かい機能を持たせる役割があります。

Node.js は、サーバ側で複雑な処理を行うための実行環境です。Web サーバの機能やデータベースとの連携などさまざまな機能を実装できます。主に Web サーバや Web アプリケーションの構築を担うのが、Node.js の役割となります。

なお、Hyperledger Iroha の JavaScript クライアントライブラリは、Node.js 向けです。Web ブラウザでは直接実行できません。

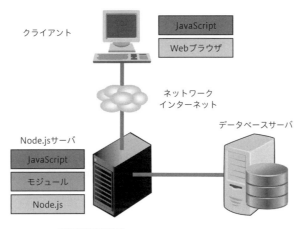

Chart 4-1-1 JavaScript の実行環境

　Node.js は、軽量（少ないメモリで動作）で高速処理が特徴です。プログラムコードは、非同期に実行されます。外部 I/O 処理では、終了を待たずに次の処理を実施します。これをノンブロッキング I/O といいます。外部 I/O 処理の終了を待って、後の処理を行う場合には、終了したタイミングで呼び出される処理を用意します。これをコールバックといいます。

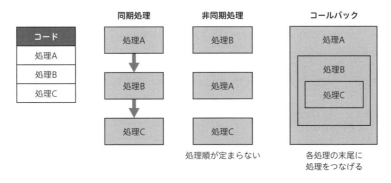

Chart 4-1-2 同期処理と非同期処理とコールバック

　他のプログラミング言語では、基本的に同期実行で処理を行い、特別な機能として非同期実行をサポートしています。Node.js は、基本的に非同期実行で処理を行います。同期実行を行いたい場合には、コールバックなど意識した高度なコーディングをする必要があります。

〈Memo〉

> Node.js は、非同期実行が基本です。

Node.jsに追加で組み込むモジュール

　Node.js は、標準環境で http 通信やファイルへのアクセスなど幅広い機能を有しています。これらは、必要に応じてソースコードから呼び出せるようにファイルとして存在しています。

　標準環境に含まれていない機能は、新たにモジュールを追加することで利用可能になります。

Hyperledger Iroha の JavaScript クライアントライブラリは、正に追加モジュールです。また、JavaScript クライアントライブラリを使用するには、gRPC（通信モジュール）や @babel（スクリプトコンパイラー：トランスパイル）が必要です。また、第 5 章の例題 Web アプリケーションでは、PostgreSQL へデータを書き出すため、pg モジュールも必要になります。

Chart 4-1-3 Node.js と追加モジュール

ユーザソースコード （本書の例題）	Web アプリケーション例題	
	シンプルな例題	
追加モジュール ＊独自に追加が必要	gRPC：iroha ノードとの通信 @babel：スクリプトコンパイラー	pg：PostgreSQL への接続 ＊ Web アプリケーション例題で使用
	Hyperledger Iroha JavaScript クライアントライブラリ	
パッケージマネージャー	npm（バージョン管理）	
標準モジュール ＊標準で組み込み済	http:Web ハンドラ url:URL 分解 fs: ファイルハンドラ util: オブジェクト分解	
サーバサイド実行環境	Node.js	

　これらの追加モジュールのインストールやバージョン管理を行うために npm（Node Package Manager）を導入します。npm は、指定されたモジュールのインストールパッケージをインターネットからダウンロードしてインストールを行います。

〈**Memo**〉

JavaScript クライアントライブラリを使用するには、追加モジュールが必要です。

✦ 4.1.2 JavaScript 実行環境の構築

　JavaScript から Hyperledger Iroha API を呼び出す環境を構築する手順を解説します。実施する時期によって提供されているモジュールのバージョンが異なる場合があります。バージョンの確認方法、動作試験、エラー出力時の対処方法を含めて解説します。第 3 章の 3.2 節が終了した状態から、Docker ホストのコンソールを使用して、Node.js のインストールから動作確認までを行います。

　著者は、Ubuntu のユーザ名に「a1」を使用しています。そのためホームディレクトリは、「/home/a1」となります。例えば、Ubuntu のユーザ名が「user」の場合、ホームディレクトリは「/home/user」となります。ホームディレクトリは、ご利用の Ubuntu のユーザ名に置き換えてください。

Node.jsとnpmの導入

Node.js と npm のインストールは、apt コマンドによって行います。環境を整えるために、事前にパッケージのインデックスを更新します。また、不要なパッケージの削除を行います。

npm には、ベースとして Node.js が必要です。apt コマンドには、npm のみを指定すれば自動的に Node.js がインストールされます。大量のメッセージが出力されますので、投入するコマンドと前後のメッセージのみを Terminal 4-1-1 にまとめました。

Terminal 4-1-1　Node.js と npm のインストール

```
 1   ~$ sudo apt update
 2   ヒット:1 http://jp.archive.ubuntu.com/ubuntu bionic InRelease
 3   取得:2 http://jp.archive.ubuntu.com/ubuntu bionic-updates InRelease
≋
 8   状態情報を読み取っています... 完了
 9   パッケージはすべて最新です。
10   ~$ sudo apt autoremove
11   パッケージリストを読み込んでいます... 完了
12   依存関係ツリーを作成しています
≋
15   この操作後に 65.5 MB のディスク容量が解放されます。
16   続行しますか? [Y/n] y
≋
18   libllvm7:amd64 (1:7-3~ubuntu0.18.04.1) を削除しています ...
19   libc-bin (2.27-3ubuntu1) のトリガを処理しています ...
20   ~$ sudo apt install npm
21   パッケージリストを読み込んでいます... 完了
22   依存関係ツリーを作成しています
≋
74   この操作後に追加で 172 MB のディスク容量が消費されます。
75   続行しますか? [Y/n] y
≋
638  npm (3.5.2-0ubuntu4) を設定しています ...
≋
640  libc-bin (2.27-3ubuntu1) のトリガを処理しています ...
≋
644  ~$ node -v
645  v8.10.0
646  ~$ npm -v
647  3.5.2
```

1 行目は、パッケージのインデックスファイルを更新します。

10 行目は、不要（バージョンが重複しているなど）なパッケージを削除します。

15 行目は、削除の確認メッセージに y を入力します。

20 行目は、Node.js と npm を導入します。バージョンの指定は不要です。

74 行目は、インストールの確認メッセージに y を入力します。

644 行目は、Node.js のバージョンを確認します。執筆時は、v8.10.0 でした。

646 行目は、Npm のバージョンを確認します。執筆時は、3.5.2 でした。

npm が使用可能になりましたので、以後の導入は npm にて行います。

JavaScript クライアントライブラリに必要なモジュールの導入

先に JavaScript クライアントライブラリに必要なモジュールの導入を実施します。導入するモ
ジュールは、5 種類（@babel/register、@babel/core、@babel/preset-env、grpc、node-pre-gyp）です。

最初の @babel/register は、ホームディレクトリで導入を実施します。その後は、ホームディ
レクトリ内の node_modules ディレクトリをカレントディレクトリに変更して、導入を行います。

Terminal 4-1-2 JavaScript クライアントライブラリに必要なモジュールのインストール

```
 1  ~$ cd ~
 2  ~$ sudo npm i @babel/register
 3  > core-js@3.2.1 postinstall /home/a1/node_modules/@babel/register/node_modules/
    core-js
 4  > node scripts/postinstall || echo "ignore"
   ≋
30  npm WARN a1 No README data
31  npm WARN a1 No license field.
32  ~$ cd node_modules
33  ~/node_modules$ sudo npm i @babel/core
34  /home/a1
35  ├─┬ @babel/core@7.7.7
36  │ ├─┬ @babel/code-frame@7.7.7
   ≋
74  npm WARN a1 No README data
75  npm WARN a1 No license field.
76  ~/node_modules$ sudo npm i @babel/preset-env
77  /home/a1
```

```
 78   ├──── @babel/core@7.7.7
 79   ├──┬ @babel/preset-env@7.7.7
      ≈
173   npm WARN a1 No README data
174   npm WARN a1 No license field.
175   ~/node_modules$ sudo npm i grpc
176
177   > grpc@1.22.2 install /home/a1/node_modules/grpc
178   > node-pre-gyp install --fallback-to-build --library=static_library
      ≈
303   npm WARN a1 No README data
304   npm WARN a1 No license field.
305   ~/node_modules$ sudo npm i node-pre-gyp
306
307   > grpc@1.24.2 install /home/a1/node_modules/grpc
308   > node-pre-gyp install --fallback-to-build --library=static_library
      ≈
478   npm WARN In grpc@1.24.2 replacing bundled version of mkdirp with mkdirp@0.5.1
479   npm WARN In grpc@1.24.2 replacing bundled version of needle with needle@2.4.0
```

1行目は、カレントディレクトリを変更します。

2行目は、@babel/register モジュールをインストールします。

32行目は、ホームディレクトリ内 node_modules ディレクトリをカレントディレクトリに変更します。

33行目は、@babel/core モジュールをインストールします。

76行目は、@babel/preset-env モジュールをインストールします。

175行目は、grpc モジュールをインストールします。

305行目は、node-pre-gyp モジュールをインストールします。

インストール中に入力が必要なメッセージはありません。**各インストール時に npm WARN が出力されます。導入済のモジュールとバージョンが重複しているという警告メッセージですので悪影響はありません。**

《Memo》

各インストール時に npm WARN が出力されます。導入済のモジュールとバージョンが重複しているという警告メッセージですので悪影響はありません。

JavaScriptクライアントライブラリの（iroha-helpers）導入

JavaScriptクライアントライブラリのインストールを行います。JavaScriptクライアントライブラリのパッケージ名は、iroha-helpersです。iroha-helpersに関しては、バージョンを指定します。本書は、iroha-helpersのバージョン「0.6.21」を使用して執筆しています。

Terminal 4-1-3 iroha-helpersのインストール

```
  1  ~$ cd ~/node_modules
  2  ~/node_modules$ sudo npm i iroha-helpers@0.6.21
  3  npm WARN deprecated @babel/polyfill@7.4.4:  As of Babel 7.4.0, this
  4  npm WARN deprecated package has been deprecated in favor of directly
       ≈
140  npm WARN In grpc@1.24.2 replacing bundled version of mkdirp with mkdirp@0.5.1
141  npm WARN In grpc@1.24.2 replacing bundled version of needle with needle@2.4.0
```

1行目は、カレントディレクトリを変更します。

2行目は、iroha-helpersモジュールを0.6.21バージョン指定でインストールします。

執筆期間中に「iroha-helpers@0.7.1」にて、動作しない事象が発生したためにバージョン指定で導入を行います。

npmコマンドで導入したモジュールの確認方法

npmコマンドで導入したモジュールは、npm listコマンドで一覧表示（ツリー形式）が可能です。導入したモジュールのバージョンも確認できます。

Terminal 4-1-4 npm listコマンドによるモジュールの一覧

```
  1  ~$ cd ~/node_modules
  2  ~$ npm list
  3  /home/a1
  4  ├─┬ @babel/core@7.7.7
       ≈
 39  ├─┬ @babel/preset-env@7.7.7
       ≈
129  ├─┬ @babel/register@7.7.7
       ≈
146  ├─┬ grpc@1.24.2
       ≈
150  │ ├── lodash.camelcase@4.3.0
151  │ ├── lodash.clone@4.5.0
152  │ ├── nan@2.14.0
153  │ ├─┬ node-pre-gyp@0.14.0
```

```
 ≋
249  ├──┬ iroha-helpers@0.6.21
 ≋
341        ├───── minipass@2.3.5
342        ├───── minizlib@1.2.1
343        └───── yallist@3.0.3
```

@babel/core、preset-env、register のバージョンは、7.7.7 です。

grpc のバージョンは、1.24.2 です。

node-pre-gyp のバージョンは、0.14.0 です。

iroha-helpers のバージョンは、0.6.21 です。

追加モジュールは、導入の時期によって変化します。通常は、バージョンを指定しないで、最新バージョンをインストールしてください。

《Memo》

> Node.js のライブラリは、「@」以降がバージョン表記となっています。導入時期によって、バージョンが変化します。

JavaScript クライアントライブラリの動作確認

JavaScript クライアントライブラリに付属しているサンプルコード index.js と example.js を使用して、JavaScript クライアントライブラリの動作を確認します。具体的には、Hyperledger Iroha が動作した状態で Docker ホストからコマンドを入力します。

index.js ファイルを実行して、以下のように表示されれば、JavaScript クライアントライブラリのインストールに問題はありません。

なお、以下のターミナルログでは、プロンプトは省略しています。

Terminal 4-1-5 サンプルコード index.js および example.js の実行結果ログ

```
 1  ~$ cd ~/node_modules/iroha-helpers/example ─────────────── ディレクトリの移動
 2  ~$ node index.js ───────────────────────────────────── index.js の実行
 3  [ undefined,
 4    { accountId: 'admin@test',
 5      domainId: 'test',
 6      quorum: 1,
 7      jsonData: '{"admin@test": {"jason": "statham"}}' },
 8    { 'admin@test': { jason: 'statham' } },
 9    [ '313a07e6384776ed95447710d15e59148473ccfc052a681317a72a69f2a49910' ],
10    [ 'admin', 'user', 'money_creator' ],
11    { accountId: 'admin@test',
```

```
12        domainId: 'test',
13        quorum: 1,
14        jsonData: '{"admin@test": {"jason": "statham"}}' },
15      { transactionsList: [ [Object] ],
16        allTransactionsSize: 1,
17        nextTxHash: '' } ]
18   fetchCommits new block: { blockV1:
19      { payload:
20         { transactionsList: [Array],
21           txNumber: 0,
22           height: 3,
23           prevBlockHash: '209914546c36cff167f8c07ec21f312bfe4203b7a4fe7845cd98d2089
     034916d',
24           createdTime: 1561455978162,
25           rejectedTransactionsHashesList: [] },
26         signaturesList: [ [Object] ] } }
27   ^C
```

1行目は、~/node_modules/iroha-helpers/example/ ディレクトリをカレントディレクトリに変更します。例題ファイルもこのディレクトリに格納します。

2行目は、サンプルコード index.js を実行します。実際のコードは、example.js ファイルに記述されています。

3行目から26行目は、サンプルファイル index.js の実行結果です。

index.js ファイルは、動作したまま停止しません。表示を確認後、27行目のように Ctrl + Cにて、停止してください。

サンプルコード index.js のエラー対処例（@babel/register が不足）

Node.js のモジュールが不足している状態で、サンプルコード index.js を実行するとエラーとなります。

Terminal 4-1-6　サンプルコード index.js のエラー出力（@babel/register が不足）

```
1   ~$ cd ~/node_modules/iroha-helpers/example
2   ~$ node index.js
3   module.js:549
4       throw err;
5       ^
6
7   Error: Cannot find module '@babel/register' ───────────── エラーメッセージ
8       at Function.Module._resolveFilename (module.js:547:15)
```

```
 9        at Function.Module._load (module.js:474:25)
10        at Module.require (module.js:596:17)
11        at require (internal/module.js:11:18)
12        at Object.<anonymous> (/home/a1/node_modules/iroha-helpers/example/index.
   js:1:63)
13        at Module._compile (module.js:652:30)
14        at Object.Module._extensions..js (module.js:663:10)
15        at Module.load (module.js:565:32)
16        at tryModuleLoad (module.js:505:12)
17        at Function.Module._load (module.js:497:3)
```

この例では、7 行目のエラーメッセージで、@babel/register モジュールが不足しているのがわかります。

その場合、以下のコマンドで、不足しているパッケージをインストールしてください。

```
sudo npm i @babel/register
```

サンプルコード index.js のエラー対処例 (iroha-helpers@0.7.1 でのエラー)

npm コマンドは、パッケージ名のみを指定した場合は、自動的に最新バージョンをインストールします。執筆期間の iroha-helpers モジュールは、0.6.21 から 0.7.1 に変化しました。iroha-helpers@0.7.1 では、以下のエラーにより正常に動作しない事象が発生しました。

Terminal 4-1-7 サンプルコード index.js のエラー出力 (iroha-helpers@0.7.1 によるもの)

```
1  ~$ cd ~/node_modules/iroha-helpers/example
2  ~$ sudo node index.js
3  /home/a1/node_modules/ed25519.js/lib/ed25519.min.js:5
4  if(q){var ba,ca;e.read=function(a,b){var c=r(a);c||(ba||(ba=require("fs")),ca||
   (ca=require("path")),a=ca.normalize(a),c=ba.readFileSync(a));return b?c:c.
   toString()};e.readBinary=function(a){a=e.read(a,!0);a.buffer||(a=new Uint8Array
   (a));assert(a.buffer);return a};1<process.argv.length&&(e.thisProgram=process.
   argv[1].replace(/\\/g,"/"));e.arguments=process.argv.slice(2);process.on("uncau
   ghtException",function(a){throw a;});process.on("unhandledRejection",function()
   {process.exit(1)});e.quit=function(a){process.exit(a)};
5
                                    ^
```

```
 6
 7   TypeError: payloadQuery[capitalizedKeyName] is not a function
 8       at Object.addQuery (/home/a1/node_modules/iroha-helpers/lib/queryHelper.js:74
     :39)
 9       at Object.getAccountDetail (/home/a1/node_modules/iroha-helpers/lib/queries/
     index.js:312:58)
10       at Object.getAccountDetail (/home/a1/node_modules/iroha-helpers/example/
     example.js:56:11)
11       at Module._compile (module.js:652:30)
12       at Module._compile (/home/a1/node_modules/pirates/lib/index.js:99:24)
13       at Module._extensions..js (module.js:663:10)
14       at Object.newLoader [as .js] (/home/a1/node_modules/pirates/lib/index.js:104:
     7)
15       at Module.load (module.js:565:32)
16       at tryModuleLoad (module.js:505:12)
17       at Function.Module._load (module.js:497:3)
```

　このエラーメッセージは、iroha-helpers モジュール内部のエラーです。そのため、ユーザ側で
対処する方法はありません。執筆時には、iroha-helpers@0.6.21 をそのまま（上書き）インストー
ルすることで、正常に動作するようになりました。

pgモジュールの導入

　第 5 章の Web アプリケーション例題では、PostgreSQL にデータを格納します。そのため、
Node.js の PostgreSQL 接続モジュール pg を導入します。

Terminal 4-1-8　pg モジュールのインストール

```
 1   ~$ cd ~/node_modules
 2   ~$ sudo npm i pg
 3   > grpc@1.22.2 install /home/a1/node_modules/grpc
 4   > node-pre-gyp install --fallback-to-build --library=static_library
 ≈
105  npm WARN In grpc@1.22.2 replacing bundled version of mkdirp with mkdirp@0.5.1
106  npm WARN In grpc@1.22.2 replacing bundled version of needle with needle@2.4.0
```

　1 行目は、カレントディレクトリを変更します。

　2 行目は、pg モジュールのインストールするコマンドです。インストール中に入力が必要なメッ
セージはありません。

テストコードpg.jsの実行

pg モジュールの動作を確認するため、テストコード pg.js を用意しましたので、試してみます。
サンプルファイル「Iroha_Sample.zip」の example0 ディレクトリ内のファイルを ~/node_
modules/iroha-helpers/example/ ディレクトリにコピーしてください。

テストコード pg.js は、some-postgre コンテナの postgres データベース内の role テーブルの
格納データ 1 行目を表示する内容です。テストコード pg.js を実行すると、以下のように表示さ
れます。

Terminal 4-1-9　テストコード pg.js の実行ログ

```
1  ~$ cd ~/node_modules/iroha-helpers/example ───────────── ディレクトリを移動
2  ~$ node pg.js ──────────────────────────────────── pg.js を実行
3  { role_id: 'admin' }
```

1 行目は、カレントディレクトリを ~/node_modules/iroha-helpers/example/ に変更します。

2 行目は、テストコード pg.js を実行するコマンドです。

3 行目は、role テーブルに格納されている 1 行目の内容が表示されます。この出力例では、
role_id カラムに「admin」が格納されています。

バージョンによっては、実行エラーとして、「error: relation "role" does not exist」と表示
される場合があります。その場合には、ソースコードのデータベース名を変更してください。
Hyperledger Iroha Ver1.1.0 以降で、実行時にエラーとなる場合には、6 行目のデータベース名を
「iroha_default」に変更してください（Chart 4-1-4 参照）。

テストコードpg.jsの内容

テストコード pg.js は、PostgreSQL に接続して、指定したテーブルに格納されているデータの
1 行目を表示するだけのシンプルな内容です。具体的には、some-postgres コンテナに接続して、
role テーブルに格納されているデータの 1 行目を表示します。

Chart 4-1-4　テストコード pg.js の内容

```
1   const { Client } = require('pg')
2
3   const client = new Client({
4       user: 'postgres',
5       host: '127.0.0.1',
6       database: 'postgres',
7       password: 'mysecretpassword',
8       port: 5432,
9   })
10
```

```
11  client.connect()
12
13  const query = 'SELECT * FROM role'
14
15  client.query(query)
16      .then(res => {
17          console.log(res.rows[0])
18          client.end()
19      })
20      .catch(e => console.error(e.stack))
```

1行目では、pgモジュールを読み込んでいます。

3行目から9行目は、PostgreSQLへの接続ハンドラを定数clientにセットします。

4行目から8行目は、PostgreSQLへの接続情報です。some-postgresコンテナを作成した際の内容と同様です。

11行目は、connectメソッドにてPostgreSQLへ接続します。

13行目は、定数queryにSQLステートメントをセットします。roleテーブルに対して、無条件で検索を行います。

15行目から20行目は、queryメソッドによって、定数queryにセットされたSQLステートメントを実行します。

17行目は、queryメソッドの結果の1行目をコンソールに出力します。

18行目は、endメソッドにてPostgreSQLとの接続を終了します。

20行目は、queryメソッドにエラーが発生した場合、エラーメッセージをエラー出力にセットします。最終的には、コンソールに出力します。

◈ 4.1.3 Hyperledger Iroha API の解説

Hyperledger Irohaは、プログラムから操作するために4種類（Java ／ Python ／ Swift ／ JavaScript）のクライアントライブラリを提供しています。いずれの言語を選択しても同一のAPI（Application Programming Interface）仕様です。異なるクライアントライブラリを利用しても、Hyperledger Irohaの操作方法や得られる情報に差はありません。また、Hyperledger IrohaのAPIは、CommandとQueryの2つのタイプに分かれます。

Commandタイプの API

Hyperledger Irohaに対して、新規追加や設定を変更するためのAPIです。エラーが発生しない限り、戻り値はありません。実行直後に結果を取得するには、QueryタイプのFetchCommitsを併用します。FetchCommitsは、直前に完了（Commit）したブロックの内容を取得するAPIです。

Chart 4-1-5 Command タイプの API 一覧

API 名	内容
AddAssetQuantity	アカウントのアセットを加算します
AddPeer	Iroha ネットワークに Peer を追加します
AddSignatory	アカウントに公開鍵を追加します
AppendRole	アカウントにロールを付与します
CreateAccount	アカウントを作成します
CreateAsset	アセットを作成します
CreateDomain	ドメインを作成します
CreateRole	ロールを作成します
DetachRole	アカウントからロールを削除します
GrantPermission	他アカウントに権限を付与します
RemovePeer	Iroha ネットワークから Peer を削除します（Ver1.1 以降）
RemoveSignatory	アカウントから公開鍵を削除します
RevokePermission	他アカウントから権限を削除します
SetAccountDetail	アカウントに詳細情報を書き込みます
SetAccountQuorum	アカウントの Quorum（票数／定足数）を設定します
SubtractAssetQuantity	アカウントのアセットを減算します
TransferAsset	アカウントのアセットを他のアカウントに転送します
CompareAndSetAccountDetail	アカウントの詳細情報を照合して書き込みます（Ver1.1 以降）

Query タイプの API

　Hyperledger Iroha の情報を得るのが、Query タイプの API です。FetchCommits 以外は、リクエストした情報を戻して終了します。FetchCommits は、自動的に終了しません。

Chart 4-1-6　Query タイプの API 一覧

API	内容
GetAccount	アカウントの情報を得ます
GetBlock	ブロック（ブロック位置で指定）の内容を得ます
GetSignatories	アカウントの公開鍵を得ます
GetTransactions	トランザクション（ハッシュ値で指定）の内容を得ます
GetAccountTransactions	アカウントのトランザクションの一覧を得ます
GetPendingTransactions	処理途中のトランザクションの一覧を得ます（Ver2.0 から変更）
GetAccountAssetTransactions	アカウントのアセット別トランザクションの一覧を得ます
GetAccountAssets	アカウントのアセット残高を得ます
GetAccountDetail	アカウントの詳細情報（key ／ Value 形式）を得ます
GetAssetInfo	アセットの情報を得ます
GetRoles	ロール一覧を得ます
GetRolePermissions	ロールに集約された権限を得ます
GetPeers	Iroha ネットワークの Peer 一覧を得ます（Ver1.1 以降）
FetchCommits	Iroha ネットワークで直前に完了したブロックを得ます

4

4.2 JavaScript クライアントライブラリを 使用したシンプルなプログラム例

JavaScript クライアントライブラリを使用して Hyperledger Iroha を操作するシンプルな例題プログラムを解説します。各例題は、Hyperledger Iroha API を呼び出すだけのシンプルな内容となっています。

$4.2.1$ 例題のファイル構成と格納ディレクトリ

サンプルファイル「Iroha_Sample.zip」に含まれる example1 ディレクトリ内のファイルをDocker ホストのホームディレクトリ内の ~/node_modules/iroha-helpers/example/ ディレクトリにコピーします。

JavaScript クライアントライブラリを使用するには、@babel モジュールを使用してソースコードをスクリプトコンパイル（トランスパイル）する必要があります。そのため、例題ファイルのほとんどが、呼出ファイルと本体ファイルの 2 つのファイル構成となります。JavaScript クライアントライブラリを使用しない ed25519_keygen.js および keycreate.js については、呼出ファイルはありません。

Chart 4-2-1 JavaScript クライアントライブラリを使用したシンプルな例題のファイル構成

呼出ファイル名	本体ファイル名	内容	Web アプリケーション役割
iroha01.js	iroha11.js	アカウント情報＆残高情報の表示	残高情報
—	ed25519_keygen.js	キーペア表示のみ	会員登録
—	keycreate.js	キーペア作成 (ed25519_keygen.js 含む)	
iroha02.js	iroha12.js	アカウント作成	
iroha03.js	iroha13.js	アセット加算処理	チャージ処理
iroha04.js	iroha14.js	アセット転送処理＆アセット加算処理	支払処理
iroha05.js	iroha15.js	ブロック内容表示 (ブロック位置指定)	—
iroha06.js	iroha16.js	ブロック内容表示 (アカウント指定)	—

「呼出ファイル」は、本体ファイルをスクリプトコンパイルして実行するだけの内容です。実際の処理内容は、「本体ファイル」に記述します。これらのファイルは、本章後半の Web アプリケーション（コワーキングスペース）でも利用します。

Node.js の実行環境は、Docker ホストに構築しました。そのため、Docker ホストにて、

JavaScript クライアントライブラリを使用したプログラムを実行します。各プログラムは、JavaScript クライアントライブラリを通じて、Hyperledger Iroha の Peer にリクエスト（命令）を送信し、Peer がリクエスト（命令）を処理します。

❖ 4.2.2 アカウント情報＆残高情報の表示

最初にとりあげる例題は、アカウント ID を指定してアカウント情報とアセット残高を表示するものです。使用する API は、Query タイプの getAccount と getAccountAssets です。

Chart 4-2-2 getAccount の概要

API タイプ	Query
API 名	getAccount
処理内容	アカウント ID の情報が得られます
リクエストパラメータ	アカウント ID

結果例（詳細情報あり）	{ accountId: 'admin@test',
	    domainId: 'test',
	    quorum: 1,
	    jsonData: '{"admin@test": {"BD": "20190812", "Expires": "2020090
	6"}}' }

該当するアカウント ID が存在しない場合、戻り値としてエラーが戻ります。エラーの内容は、実行結果の後に説明します。

Chart 4-2-3 getAccountAssets の概要

API タイプ	Query
API 名	getAccountAssets
処理内容	指定したアカウント ID が保有するアセット情報が得られます
リクエストパラメータ	アカウント ID
結果例（アセットなし）	[]

結果例（アセットあり）	[{ assetId: 'prepay#nihon',
	    accountId: 'kanri@nihon',
	    balance: '90.05' },
	  { assetId: 'ticket#nihon',
	    accountId: 'kanri@nihon',
	    balance: '18' },
	  { assetId: 'total#nihon',
	    accountId: 'kanri@nihon',
	    balance: '270.4' }]

アカウント ID に対して、アセット ID が操作（加算や転送）されていれば、そのアセット ID も含めてアセット残高（balance:）が表示されます。アセット ID の操作がなければ、何も表示されません。つまり、アセットを 1 つも持っていない場合には、何も表示されません。操作（減

算や転送）によって 0 になった場合のみ、アセット残高（balance:）が 0 となります。

アカウント情報＆残高情報の表示結果

　例題ファイルを実行するには、カレントディレクトリを ~/node_modules/iroha-helpers/
example/ ディレクトリに変更します。Hyperledger Iroha が動作した状態で Docker ホストから
例題ファイルを実行します。

> 《Memo》
>
> Hyperledger Iroha の起動方法は、Terminal 2-3-1 を参照してください。

　iroha01.js ファイルは、パラメータとしてアカウント ID を指定して実行します。実行すると
数秒で結果が表示されます。

Terminal 4-2-1 アカウント情報＆残高情報（iroha01.js ファイルおよび iroha11.js ファイル）の
実行ログ①

```
1  ~$ cd ~/node_modules/iroha-helpers/example ─────────── ディレクトリを移動
2  ~$ node iroha01.js admin@test ───────────── iroha01.js を admin@test で起動
3  [ { accountId: 'admin@test',
4      domainId: 'test',
5      quorum: 1,
6      jsonData: '{"admin@test": {"BD": "20190812", "Expires": "20200906"}}' },
7    [] ]
```

　1 行目は、カレントディレクトリを変更します。

　2 行目が、iroha01.js の実行です。パラメータとして、アカウント ID「admin@test」を指定します。

　3 行目から 7 行目が、admin@test アカウントの情報です。iroha-cli の「Get Account
Information (get_acc)」と同様の結果表示です。

　6 行目が、admin@test アカウントの詳細情報を表示します。

　7 行目の [] には、保有しているアセットの情報を表示します。admin@test アカウントは、こ
の時点ではアセットを保持していないので空白となります。

　次に kanri@nihon アカウントの残高情報を表示します。

Terminal 4-2-2 アカウント情報＆残高情報（iroha01.js ファイルおよび iroha11.js ファイル）の
実行ログ②

```
1  ~$ cd ~/node_modules/iroha-helpers/example ─────────── ディレクトリを移動
2  ~$ node iroha01.js kanri@nihon ───────────── iroha01.js を kanri@nihon で起動
3  [ { accountId: 'kanri@nihon',
4      domainId: 'nihon',
```

```
 5      quorum: 1,
 6      jsonData: '{}' },
 7    [ { assetId: 'prepay#nihon',
 8        accountId: 'kanri@nihon',
 9        balance: '90.05' },
10      { assetId: 'ticket#nihon',
11        accountId: 'kanri@nihon',
12        balance: '18' },
13      { assetId: 'total#nihon',
14        accountId: 'kanri@nihon',
15        balance: '270.4' } ] ]
```

1 行目は、カレントディレクトリを変更します。

2 行目が、iroha01.js の実行です。パラメータとして、アカウント ID「kanri@nihon」を指定します。

3 行目から 6 行目が、kanri@nihon アカウントの情報です。kanri@nihon アカウントには、詳細情報を設定していないので 6 行目の詳細情報「jsonData: '{}'」の内部は空白です。

7 行目から 15 行目が kanri@nihon アカウントのアセット残高です。iroha-cli の「Get Account's Assets (get_acc_ast)」と同様の結果表示です。

アカウント情報＆残高情報のエラー出力

指定したアカウント ID が存在しない場合、getAccount はエラーを戻します。iroha01.js ファイルの結果もエラーを表示します。

Terminal 4-2-3 アカウント情報＆残高情報（iroha01.js ファイルおよび iroha11.js ファイル）の
エラー出力

```
 1  ~$ node iroha01.js abc@nihon ─────────── iroha01.js を、存在しないアカウントで起動
 2  Error: Query response error: expected=ACCOUNT_RESPONSE, actual=ERROR_RESPONSE
 3  Reason: {"reason":2,"message":"could find account with such id: abc@nihon",
    "errorCode":0}
 4      at /home/a1/node_modules/iroha-helpers/lib/queries/index.js:1:1922
 5      at /home/a1/node_modules/iroha-helpers/lib/queries/index.js:1:1634
 6      at Object.onReceiveStatus (/home/a1/node_modules/grpc/src/client_
    interceptors.js:1207:9)
 7      at InterceptingListener._callNext (/home/a1/node_modules/grpc/src/client_
    interceptors.js:568:42)
 8      at InterceptingListener.onReceiveStatus (/home/a1/node_modules/grpc/src/
    client_interceptors.js:618:8)
 9      at callback (/home/a1/node_modules/grpc/src/client_interceptors.js:845:24)
```

2行目は、エラーの概略です。

3行目は、エラーの詳細です。「"reason":2」が、エラーの種類です。「"message":"could find account with such id: abc@nihon"」は、エラーの説明です。指定したアカウントID「abc@nihon」が見つからないためのエラーです。

4行目から9行目は、エラーの発生個所を示すトレース情報です。

APIごとに想定されているエラーは、reasonとmessageが決められています。Hyperledger Irohaのエラーを細かくハンドリングする場合には、reasonを検出して対応するコードを自プログラムに記述します。

《Advice》

> クライアントAPIライブラリは、エラー発生時には概要と詳細を戻します。

アカウント情報&残高情報のソースコード（呼出ファイル）

iroha01.jsファイルは、@babelの呼び出しとスクリプトコンパイル対象としてiroha11.jsを指定するだけの内容です。その他の呼び出しファイル（iroha02.jsからiroha06.js）もスクリプトコンパイル対象のファイル名が異なるだけで同様の内容です。

Chart 4-2-4　アカウント情報&残高情報（iroha01.jsファイル）のコード

```
1 require('@babel/register')({
2   presets: [ '@babel/env' ]
3 })
4 
5 module.exports = require('./iroha11.js')
```

1行目から3行目は、@babelの呼び出しです。Node.js環境に合わせて、スクリプト変換を行います。

5行目は、モジュールとしてiroha11.jsファイルを読み込みます。

@babelのスクリプトコンパイルは、実行環境（Node.js）に合わせてソースコードを変換する機能です。

アカウント情報&残高情報のソースコード（本体ファイル）

iroha11.jsファイルには、Hyperledger Iroha APIのgetAccountとgetAccountAssetsを使用するコードを記述しています。4行目から21行目までは、JavaScriptクライアントライブラリを使用するための準備を行うコードです。23行目以降が、JavaScriptクライアントライブラリを使用したコードです。

Chart 4-2-5　アカウント情報＆残高情報（iroha11.js ファイル）のコード

```
 1  // アカウント情報＆アセット残高
 2  let ACCOUNT_ID  = process.argv[2]    // アカウントID
 3
 4  // for usage with grpc package use endpoint_grpc_pb file
 5  import grpc from 'grpc'
 6  import {
 7    QueryService_v1Client,
 8  } from '../lib/proto/endpoint_grpc_pb'
 9
10  import queries from '../lib/queries'
11
12  const IROHA_ADDRESS = 'localhost:50051'
13
14  // getAccount と getAccountAssets で使用
15  const adminId = 'admin@test'
16  const adminPriv = 'f101537e319568c765b2cc89698325604991dca57b9716b58016b253506cab
    70'
17
18  const queryService = new QueryService_v1Client(
19    IROHA_ADDRESS,
20    grpc.credentials.createInsecure()
21  )
22
23  Promise.all([
24    queries.getAccount({
25      privateKey: adminPriv,
26      creatorAccountId: adminId,
27      queryService,
28      timeoutLimit: 5000
29    }, {
30      accountId: ACCOUNT_ID
31    }),
32    queries.getAccountAssets({
33      privateKey: adminPriv,
34      creatorAccountId: adminId,
35      queryService,
36      timeoutLimit: 5000
37    }, {
38      accountId: ACCOUNT_ID
```

```
39      })
40    ])
41      .then(a => console.log(a))
42      .catch(e => console.error(e))
```

2行目は、起動オプションの1つ目を変数 ACCOUNT_ID にセットします。

5行目は、grpcモジュールのコードを読み込みます。

6行目から8行目は、grpcモジュールのサブモジュール QueryService_v1Client のコードを読み込みます。

10行目は、Hyperledger Iroha API の queries コードを読み込みます。

12行目は、定数 IROHA_ADDRESS に接続先 Peer の PC アドレス「localhost」とポート番号「50051」をセットします。

15行目は、定数 adminId にアカウント ID「admin@test」をセットします。

16行目は、定数 adminPriv に、admin@test の秘密鍵をセットします。

18行目から21行目は、定数 queryService に QueryService_v1Client サービスをセットします。接続先は、PC アドレス（localhost）とポート番号（50051）です。iroha コンテナで動作している Peer（Torii）に接続します。

23行目から42行目は、Promise.all 構文による一括処理です。

getAccount と getAccountAssets は、10行目に読み込んだ queries コード内に宣言されていますので、queries.getAccount と queries.getAccountAssets で呼び出します。Hyperledger Iroha API は、2つの配列を指定します。前半は、Hyperledger Iroha API を送信するアカウント情報など送信元情報です。後半は、API ごとのリクエストパラメータです。getAccount と getAccountAssets では、アカウント ID を指定します。

Chart 4-2-6 Promise.all 構文内部の内容

			処理 1	処理 2
範囲	コード上の位置		24行目から31行目	32行目から39行目
処理内容	使用 API		queries.getAccount	queries.getAccountAssets
	送信元情報	アカウント ID	定数 adminId	
		秘密鍵	定数 adminPriv	
		使用サービス	定数 queryService	
		タイムアウト	5秒（5000ms）	
	問合アカウント		変数 ACCOUNT_ID	
標準出力	console.log			
エラー出力	console.error			

getAccount および getAccountAssets の結果は、標準出力（コンソール）に出力され、ターミナルに表示されます。エラーが発生した場合には、エラー出力に送られます。エラー出力は、最

終的にはターミナルに表示されます。

　Promise.all 構文は、記述されたすべての処理が完了してから、他の処理を行うための構文です。Promise.all を使用しないと Hyperledger Iroha API の終了を待たずに次の処理に進みます。iroha11.js には、他の処理がないので終了します。そのため、getAccount および getAccountAssets の結果を得られない場合が発生します。アカウント情報＆残高情報は、次のフローチャートのように1本線の流れとなります。

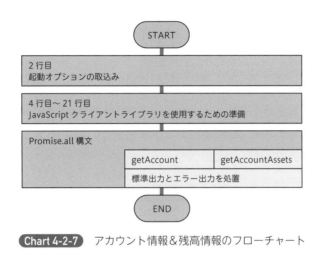

Chart 4-2-7　アカウント情報＆残高情報のフローチャート

《Memo》

Promise.all に記述された処理は、非同期処理により順番が入れ替わります。

4.2.3 キーペア作成（ed25519_keygen.js）および キーファイル作成（keycreate.js）

　2つ目の例題は、Hyperledger Iroha のアカウント作成に欠かせないキーペアを作成するコードです。キーペア作成のみを行う（ed25519_keygen.js）とキーペア作成からキーファイル作成までを行う（keycreate.js）の2種類のコードを解説します。

　第3章では、あらかじめ著者が ed25519_keygen.js ファイルを実行して作成したキーペアを用いてアカウントを作成しました。

　キーペア作成からキーファイルの作成まで自動的に行う keycreate.js ファイルも解説します。第4章および第5章では、こちらを使用します。

キーペア作成（ed25519_keygen.js）

　まずは、キーペアを作成・表示する ed25519_keygen.js のコードを説明します。実行ごとに新たな ED25519 形式のキーペアをターミナルに表示します。これを使用し、「3.2.4　アカウントの作成」で説明したようにアカウントを作成します。

「3.2.4　アカウントの作成」では、執筆時に画面に表示されたキーペアを echo コマンドでファイルに落としました。また、ed25519_keygen.js によるキーペアの作成は、当然ながら実行ごとに、異なる値となります。

Terminal 4-2-4　ed25519_keygen.js プログラムによるキーペアの表示

```
1  ~$ cd ~/node_modules/iroha-helpers/example ──────────ディレクトリを移動
2  ~$ node ed25519_keygen.js ──────────────ed25519_keygen.js を実行
3  public key : cb51d458e1031c6a3bc4c1f81baca6ef043893b30c0ae89458432124a97ec02e
4  private key: a5d6f8fa4d0c358dc5218e4bcaf46e175b0fbc4cb80d0a00e562e1dc50f6d4a6
```

ここで解説する ed25519_keygen.js ファイルは、インストール済の ed25519 ライブラリを使用してキーペアを作成・表示します。

なお、ed25519 ライブラリは、JavaScript クライアントライブラリ（iroha-helpers パッケージ）のインストール時に自動的に導入されます。

Chart 4-2-8　キーペア表示（ed25519_keygen.js ファイル）の内容

```
1   // ED25519キーペア作成（コンソール表示のみ）
2   let public_key = ''                 // 公開鍵を格納（初期化）
3   let private_key = ''                // 秘密鍵を格納（初期化）
4
5   let ed25519 = require('ed25519.js') // ed25519オブジェクト作成
6   let keys = ed25519.createKeyPair()  // キーペア作成
7   // console.log(keys.publicKey)      // Generated public key, stored as buffer
8   // console.log(keys.privateKey)     // Generated private key, stored as
    buffer
9   let pub = keys.publicKey            // public key セット
10  let priv = keys.privateKey          // private key セット
11
12  for (var i = 0; i < 32; i++) {      // バッファ（配列）を文字列に変換
13    public_key = public_key + pub[i].toString(16).padStart(2, '0')
14  }
15
16  for (var i = 0; i < 32; i++) {      // バッファ（配列）を文字列に変換
17    private_key = private_key + priv[i].toString(16).padStart(2, '0')
18  }
19
20  console.log('public Key :',public_key)   // public key をコンソールに出力
21  console.log('private Key:',private_key)   // private key をコンソールに出力
```

2 行目は、公開鍵を格納する変数 public_key を宣言します。

3 行目は、秘密鍵を格納する変数 private_key を宣言します。

5 行目は、ed25519 オブジェクトを生成します。

6 行目は、createKeyPair メソッドにて、キーペアを作成して変数 keys にセットします。

9 行目は、変数 keys の publicKey プロパティを変数 pub にセットします。

10 行目は、変数 keys の privateKey プロパティを変数 priv にセットします。

12 行目から 14 行目までは、変数 pub に配列としてセットされている値を 16 進数 2 桁に変換して変数 public_key に順次セットします。

16 行目から 18 行目までは、変数 priv に配列としてセットされている値を 16 進数 2 桁に変換して変数 private_key に順次セットします。

20 行目は、変数 public_key を標準出力（コンソール）に表示します。

21 行目は、変数 private_key を標準出力（コンソール）に表示します。

キーファイルの作成（keycreate.js）

ed25519_keygen.js ファイル実行すると、実行ごとにキーペアを生成してターミナルに表示します。

ターミナルに表示された公開鍵（public key）と秘密鍵（private key）をもとに Echo コマンドなどを使用してキーファイルを作成する必要があります。

keycreate.js ファイルを使用すると、キーペアの生成からキーファイルの作成まで自動的に行えます。

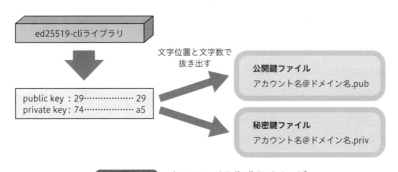

〔Chart 4-2-9〕 キーファイル作成のイメージ

処理の概要は、公開鍵と秘密鍵を生成して、それぞれをファイルに保存します。ファイルの格納ディレクトリは、Docker ホストのホームディレクトリ内の ~/iroha/example/ です。このディレクトリは、iroha コンテナの /opt/iroha_data/ ディレクトリとリンクしています。そのため、iroha コンテナのアカウント作成時に直接読み込むことが可能です。

キーファイルの書き込みには、ディレクトリの書き込み権限が必要です。sudo コマンドを使用して、keycreate.js を実行することで、キーファイルを書き込みます。

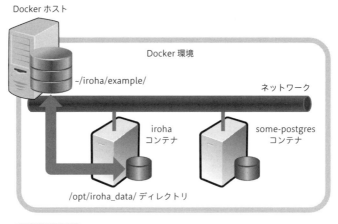

Docker ホスト

Docker 環境

~/iroha/example/

ネットワーク

iroha
コンテナ

some-postgres
コンテナ

/opt/iroha_data/ ディレクトリ

Chart 4-2-10 Docker ホストと iroha コンテナのディレクトリ

〈Advice〉

本書で構築した環境では、Docker ホストの ~/iroha/example/ ディレクトリ
は、iroha コンテナの /opt/iroha_data/ ディレクトリとリンクしています。

実行環境に合わせた keycreate.js ファイルの修正

　このプログラムは、コード内でキーファイルを作成するディレクトリをフルパスで指定してい
ます。実行する環境のホームディレクトリに合わせて、keycreate.js ファイルの 10 行目を修正し
てください。

　Docker ホストのコンソールで「cd ~/」と「pwd」を投入するとホームディレクトリが表示さ
れますので、それに合わせてください。

Terminal 4-2-5 Docker ホストのホームディレクトリの表示ログ（3 行目にホームディレクトリを表示）

```
1  ~$ cd ~/ ──────────────────────────────── ホームディレクトリに移動
2  ~$ pwd ──────────────────────────────── 現在のディレクトリを表示
3  /home/user ─────────────────────────── ホームディレクトリ
```

　pwd コマンドで表示されたホームディレクトリに合わせて、keycreate.js ファイルの 10 行目を
修正します。上記の出力例では、「/home/a1」を「/home/user」に変更します。

```
変更前   const KEY_DIR = '/home/a1/iroha/example/' ── キーペアのディレクトリ(実行環境に依存)
  ↓
変更前   const KEY_DIR = '/home/user/iroha/example/' ── キーペアのディレクトリ(実行環境に依存)
```

キーペア作成の表示結果ログ

keycreate.js ファイルには、パラメータとしてドメイン名とアカウント名を指定して実行します。数秒で結果が表示され、キーファイルも作成されています。

〈Advice〉

キーファイルの書き込み権限が必要なので、sudo コマンドを使用して keycreate.js を実行します。

Terminal 4-2-6 キーペア作成（keycreate.js ファイル）の実行結果ログ

```
1  ~$ cd ~/node_modules/iroha-helpers/example/ ─────────── ディレクトリを移動
2  ~$ sudo node keycreate.js test you ──────────┐
3  public key : 29f15463d446bd8c4f48f06b2c7d2709a71771edd9cdc18ef3c475df399cda29
4  private key: 741e87ee015234875e03efcdf826d60b203f50158ee41eb090aee4659cfde3a5
5  ~$ cat ~/iroha/example/you@test.pub          keycreate.js を
6  29f15463d446bd8c4f48f06b2c7d2709a71771edd9cdc18ef3c475df399cda29  ドメイン名 test、
7  ~$ cat ~/iroha/example/you@test.priv          アカウント名 you
8  741e87ee015234875e03efcdf826d60b203f50158ee41eb090aee4659cfde3a5  で実行
```

2行目が keycreate.js の実行です。パラメータとして、ドメイン名「test」とアカウント名「you」を半角のスペースで区切って、指定します。

3行目が、生成した公開鍵です。

4行目が、生成した秘密鍵です。これで、keycreate.js の実行は終了です。

5行目と6行目は、確認のため cat コマンドにて公開鍵ファイル you@test.pub の内容を表示します。

7行目と8行目は、確認のため cat コマンドにて秘密鍵ファイル you@test.priv の内容を表示します。

キーペア作成のソースコード

keycreate.js ファイルは、Node.js 標準のファイルモジュールを使用します。そのため、呼出ファイルは不要です。

Chart 4-2-11 キーペア作成（keycreate.js ファイル）の内容

```
1  // キーペア作成処理（*実行時にsudoが必要）
2  let DOMAIN  = process.argv[2]   // ドメイン名
3  let ACCOUNT = process.argv[3]   // アカウント名
4
5  let public_key = ''             // 公開鍵を格納（初期化）
```

```
 6   let private_key = ''              // 秘密鍵を格納（初期化）
 7
 8   let fs = require('fs')            // ファイルモジュールを読み込む
 9
10   const KEY_DIR = '/home/a1/iroha/example/' // キーペアのディレクトリ
11
12   let ed25519 = require('ed25519.js')        // ed25519オブジェクト作成
13   let keys = ed25519.createKeyPair()         // キーペア作成
14   let pub = keys.publicKey                   // public key セット
15   let priv = keys.privateKey                 // private key セット
16
17   for (var i = 0; i < 32; i++) {             // 配列を文字列に変換
18     public_key = public_key + pub[i].toString(16).padStart(2, '0')
19   }
20
21   for (var i = 0; i < 32; i++) {             // 配列を文字列に変換
22     private_key = private_key + priv[i].toString(16).padStart(2, '0')
23   }
24
25   console.log('public Key :', public_key)   // public key をコンソールに出力
26   console.log('private Key:', private_key)  // private key をコンソールに出力
27
28   // 公開鍵をファイルに書き出し
29   fs.writeFile(KEY_DIR + ACCOUNT + '@' + DOMAIN + '.pub', public_key , function
     (err) {
30     if (err) {
31       throw err
32     }
33   })
34
35   // 秘密鍵をファイルに書き出し
36   fs.writeFile(KEY_DIR + ACCOUNT + '@' + DOMAIN + '.priv', private_key , function
     (err) {
37     if (err) {
38       throw err
39     }
40   })
```

2 行目は、起動オプションのドメイン名を変数 DOMAIN にセットします。

3 行目は、起動オプションのアカウント名を変数 ACCOUNT にセットします。

5 行目は、公開鍵を格納する変数 public_key を宣言します。

6 行目は、秘密鍵を格納する変数 private_key を宣言します。

8 行目は、ファイルモジュールを読み込み、変数 fs にセットします。

10 行目は、キーペアを生成するディレクトリを定数 KEY_DIR にセットします。フルパス指定のため、実行する環境に応じて変更する必要があります。

12 行目から 26 行目までは、ed25519_keygen.js ファイルと同様の処理です。

29 行目から 33 行目は、fs モジュールの writeFile メソッドを使用して変数 public_key を公開鍵ファイルに書き込みます。コールバック関数でエラー検出時の処理を行います。

36 行目から 40 行目は、fs モジュールの writeFile メソッドを使用して変数 private_key を秘密鍵ファイルに書き込みます。コールバック関数でエラー検出時の処理を行います。

4.2.4 アカウント作成

アカウントを作成するには、Command タイプの createAccount を使用します。Command タイプの API は、送信のみで結果はわかりません。そのため Query タイプの fetchCommits を使用して、処理結果を表示します。

Chart 4-2-12 createAccount の概要

API タイプ	Command
API 名	createAccount
処理内容	アカウント ID を作成します
リクエストパラメータ	ドメイン名
	アカウント名
	公開鍵

Chart 4-2-13 fetchCommits の概要

API タイプ	Query
API 名	fetchCommits
処理内容	処理済ブロックの表示

fetchCommits の出力例は、大量なので実行結果を参照してください。

アカウント作成の実行

iroha02.js ファイルには、パラメータとしてドメイン名とアカウント名と公開鍵の 3 つを指定して実行します。公開鍵は、実際に keycreate.js の実行結果として表示された公開鍵ファイル you@test.pub の内容に置き換えてください。実行すると数秒で結果が表示されます。

アカウント作成（iroha02.js ファイルおよび iroha12.js ファイル）の実行

```
1   ~$ cd ~/node_modules/iroha-helpers/example ──────────── ディレクトリを移動
2   ~$ node iroha02.js test you 29f15463d446bd8c4f48f06b2c7d2709a71771edd9cdc18ef3c47
    5df399cda29 ── iroha02.js にドメイン名、アカウント名、公開鍵をパラメータとして付けて実行
```

　ログの解説は、付録「A.5　各種ソースコード解説」内の「A.5.1　アカウント作成」をご参照ください。

アカウント作成のソースコード（本体ファイル）

　アカウント作成の呼出ファイル iroha02.js は、iroha01.js とほぼ同様ですので、そちらをご参照ください。

　また、iroha02.js から呼び出される iroha12.js ファイルには、Hyperledger Iroha API の createAccount と fetchCommits を使用するコードを記述しています。

　createAccount は、Command タイプの API です。fetchCommits は、Query タイプの API です。そのため、9 行目から 32 行目までの JavaScript クライアントライブラリを使用するための準備では、Command タイプと Query タイプの両方を用意します。35 行目以降が、JavaScript クライアントライブラリを使用したコードです。

Chart 4-2-14　アカウント作成（iroha12.js ファイル）のコード

```
1   // アカウント作成処理
2   let DOMAIN  = process.argv[2]    // ドメイン名
3   let ACCOUNT = process.argv[3]    // アカウント名
4   let pub_key = process.argv[4]    // 公開鍵
5
6   let util = require('util');    // 戻り値の分解に使用
7
8   // for usage with grpc package use endpoint_grpc_pb file
9   import grpc from 'grpc'
10  import {
11    QueryService_v1Client,
12    CommandService_v1Client
13  } from '../lib/proto/endpoint_grpc_pb'
14
15  import commands from '../lib/commands'
16  import queries from '../lib/queries'
17
18  const IROHA_ADDRESS = 'localhost:50051'
19
```

```
20  // fetchCommitsで使用
21  const adminId = 'admin@test'
22  const adminPriv = 'f101537e319568c765b2cc89698325604991dca57b9716b58016b253506c
    ab70'
23
24  const commandService = new CommandService_v1Client(
25    IROHA_ADDRESS,
26    grpc.credentials.createInsecure()
27  )
28
29  const queryService = new QueryService_v1Client(
30    IROHA_ADDRESS,
31    grpc.credentials.createInsecure()
32  )
33
34  // 自動的に終了するための処理
35  setTimeout(() => {
36      console.log('AutoEnd!')
37      process.exit(0)
38    }, 7000)
39
40  // 完了したブロックを採取
41  queries.fetchCommits({
42      privateKey: adminPriv,
43      creatorAccountId: adminId,
44      queryService
45    },
46    (block) => console.log('fetchCommits new block:', util.inspect(block,false,
    null)),
47    (error) => console.error('fetchCommits failed:', error.stack)
48  )
49
50  // アカウント作成処理
51  Promise.all([
52    commands.createAccount({
53      privateKeys: [adminPriv],
54      creatorAccountId: adminId,
55      quorum: 1,
56      commandService,
57      timeoutLimit: 5000
```

```
58      }, {
59        accountName: ACCOUNT ,
60        domainId: DOMAIN ,
61        publicKey: pub_key
62      })
63    ])
64      .then(a => console.log(a))
65      .catch(e => console.error(e))
```

2行目は、起動オプションのドメイン名を変数 DOMAIN にセットします。

3行目は、起動オプションのアカウント名を変数 ACCOUNT にセットします。

4行目は、起動オプションの公開鍵を変数 pub_key にセットします。

6行目は、util モジュールを読み込んで、変数 util にセットします。fetchCommits の戻り値には、配列やオブジェクトが含まれています。そのままでは、すべての情報を参照できません。util モジュールを使用して fetchCommits の戻り値を分解して表示します。

9行目は、grpc モジュールのコードを読み込みます。

10行目から13行目は、grpc モジュールのサブモジュール QueryService_v1Client と CommandService_v1Client のコードを読み込みます。

15行目は、Hyperledger Iroha API の commands コードを読み込みます。

16行目は、Hyperledger Iroha API の queries コードを読み込みます。

18行目は、定数 IROHA_ADDRESS に接続先 Peer の PC アドレス「localhost」とポート番号「50051」をセットします。

21行目は、定数 adminId にアカウント ID「admin@test」をセットします。

22行目は、定数 adminPriv に秘密鍵をセットします。

24行目から27行目は、定数 commandService に CommandService_v1Client サービスをセットします。接続先は、PC アドレス（localhost）とポート番号（50051）です。

29行目から32行目は、定数 queryService に QueryService_v1Client サービスをセットします。接続先は、PC アドレス（localhost）とポート番号（50051）です。

35行目から38行目は、7秒（7000ms）後に強制終了するコードです。終了時には、標準出力（コンソール）に「AutoEnd!」と表示します。

41行目から48行目は、fetchCommits です。fetchCommits の戻り値は、変数 block に格納されています。util モジュールの inspect メソッドを使用して、細部まで分解して標準出力に表示します。fetchCommits は、終了しませんのでタイムアウトの指定はありません。

Chart 4-2-15　fetchCommits の内容

処理内容	使用 API		queries.fetchCommits
	送信元情報	アカウント ID	定数 adminId
		秘密鍵	定数 adminPriv
		使用サービス	定数 queryService
標準出力	console.log		
	util モジュールの inspect メソッドで戻り値を分解		
エラー出力	console.error		

　51 行目から 65 行目は、Promise.all 構文による一括処理です。createAccount のみですが、他の本体ファイルと同様に Promise.all 構文を使用します。createAccount は、15 行目に読み込んだ commands コード内に宣言されていますので、commands.createAccount で呼び出します。command タイプの送信元情報には、quorum（票数／定足数：承認 Peer 数）を指定します。後半は、API ごとのリクエストパラメータです。アカウント名、ドメイン名、公開鍵を指定します。

Chart 4-2-16　Promise.all 構文内部の内容

処理内容	使用 API		commands.createAccount
	送信元情報	アカウント ID	定数 adminId
		秘密鍵	定数 adminPriv
		票数（定足数）	1
		使用サービス	定数 commandService
		タイムアウト	5 秒（5000ms）
	指示内容	アカウント名	変数 ACCOUNT
		ドメイン名	変数 DOMAIN
		公開鍵	変数 pub_key
標準出力	console.log		
エラー出力	console.error		

4

　createAccount の実行結果は、標準出力にセットします。また、エラーメッセージは、エラー出力にセットします。
　アカウント作成は、コード的には 1 本線の流れです。

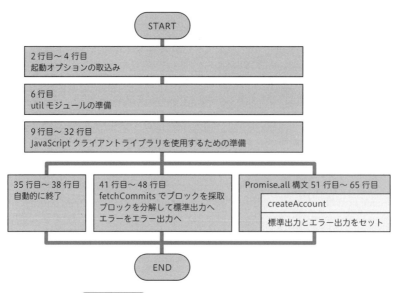

アカウント作成のフローチャート

createAccount が終了すると fetchCommits が結果を採取します。7秒後に終了処理が動作します。これらの3つの処理には、個別に動作しています。Node.js は、シングルスレッドなので、厳密には同時に1つの処理しか行いません。俯瞰してみると、3つの処理が並列で実行しているイメージとなります。

4.2.5 アセット加算処理

アセット加算処理は、第5章の Web アプリケーションで再利用します。プリペイドへのチャージと回数券の購入を行って現金を支払ったイメージです。ここでは、3つのアセット（prepay#nihon、ticket#nihon、total#nihon）へ一度に加算します。

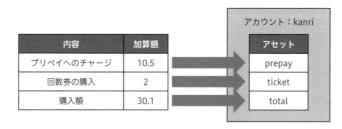

Chart 4-2-18　アセット加算処理のイメージ

アセットを加算するには、Command タイプの addAssetQuantity を使用します。処理結果の表示には、Query タイプの fetchCommits を使用します。

Chart 4-2-19 addAssetQuantity の概要

API タイプ	Command
API 名	addAssetQuantity
処理内容	アセットを追加します
リクエストパラメータ	アセット ID
	加算値

addAssetQuantity は、API の送信元アカウント ID に対して行われます。そのため、アカウント ID 以外に秘密鍵も必要です。

アセット加算処理の実行

iroha03.js ファイルには、パラメータとしてアカウント ID と秘密鍵と加算額を指定して実行します。加算額は、prepay#nihon ticket#nihon total#nihon の順番となり、アカウント ID などと合わせて 5 パラメータを指定します。実行すると数秒で結果が表示されます。

Terminal 4-2-8 アセット加算処理（iroha03.js ファイルおよび iroha13.js ファイル）の実行

```
1  ~$ cd ~/node_modules/iroha-helpers/example ─────────── ディレクトリを移動
2  ~$ node iroha03.js kanri@nihon a5d6f8fa4d0c358dc5218e4bcaf46e175b0fbc4cb80d0a00e5
   62e1dc50f6d4a6 10.5 2 30.1 ────── iroha03.js にアカウント ID、秘密鍵、各アセットへの
                                      加算値をパラメータとして付けて実行
```

ログの解説は、付録「A.5　各種ソースコード解説」内の「A.5.2　アセット加算処理」をご参照ください。

アセット加算処理のソースコード

アセット加算処理の呼出ファイル iroha03.js は、iroha01.js とほぼ同様ですので、そちらをご参照ください。

また、iroha03.js から呼び出される iroha13.js ファイルには、Hyperledger Iroha API の addAssetQuantity と fetchCommits を使用するコードが記述されています。8 行目から 50 行目は、JavaScript クライアントライブラリを使用するための準備、自動終了、処理結果を表示する fetchCommits です。53 行目以降が、addAssetQuantity を使用したコードです。

Chart 4-2-20 アセット加算処理（iroha13.js ファイル）のコード

```
1  // アセット加算処理
2  let ACCOUNT_ID    = process.argv[2]   // アカウントID
3  let priv_key      = process.argv[3]   // 秘密鍵
4  let AMOUNT_PREPAY = process.argv[4]   // アセット加算値 (prepay#nihon)
5  let AMOUNT_TICKET = process.argv[5]   // アセット加算値 (ticket#nihon)
```

```
 6   let AMOUNT_TOTAL  = process.argv[6]    // アセット加算値 (total#nihon)

 7

 8   let util = require('util')              // 戻り値（ブロック）の分解に使用

 9

10   // for usage with grpc package use endpoint_grpc_pb file

11   import grpc from 'grpc'

12   import {

13     QueryService_v1Client,

14     CommandService_v1Client

15   } from '../lib/proto/endpoint_grpc_pb'

16

17   import commands from '../lib/commands'

18   import queries from '../lib/queries'

19

20   const IROHA_ADDRESS = 'localhost:50051'

21

22   // fetchCommitsで使用

23   const adminId = 'admin@test'

24   const adminPriv = 'f101537e319568c765b2cc89698325604991dca57b9716b58016b253506cab
     70'

25

26   const commandService = new CommandService_v1Client(

27     IROHA_ADDRESS,

28     grpc.credentials.createInsecure()

29   )

30

31   const queryService = new QueryService_v1Client(

32     IROHA_ADDRESS,

33     grpc.credentials.createInsecure()

34   )

35

36   // 自動的終了するための処理

37   setTimeout(() => {

38       console.log('AutoEnd!')

39       process.exit(0)

40     }, 7000)

41

42   // 完了したブロックを採取

43   queries.fetchCommits({

44       privateKey: adminPriv,
```

```
45      creatorAccountId: adminId,
46      queryService
47    },
48    (block) => console.log('fetchCommits new block:', util.inspect(block,false,
   null)),
49    (error) => console.error('fetchCommits failed:', error.stack)
50  )
51
52  // アセット加算処理
53  Promise.all([
54    commands.addAssetQuantity({
55      privateKeys: [priv_key],
56      creatorAccountId: ACCOUNT_ID,
57      quorum: 1,
58      commandService,
59      timeoutLimit: 5000
60    }, {
61      assetId: 'prepay#nihon' ,
62      amount: AMOUNT_PREPAY
63    }),
64    commands.addAssetQuantity({
65      privateKeys: [priv_key],
66      creatorAccountId: ACCOUNT_ID,
67      quorum: 1,
68      commandService,
69      timeoutLimit: 5000
70    }, {
71      assetId: 'ticket#nihon' ,
72      amount: AMOUNT_TICKET
73    }),
74    commands.addAssetQuantity({
75      privateKeys: [priv_key],
76      creatorAccountId: ACCOUNT_ID,
77      quorum: 1,
78      commandService,
79      timeoutLimit: 5000
80    }, {
81      assetId: 'total#nihon' ,
82      amount: AMOUNT_TOTAL
83    })
```

4

```
84    ])
85     .then(a => console.log(a))
86     .catch(e => console.error(e))
```

2行目は、起動オプションのアカウントIDを変数ACCOUNT_IDにセットします。

3行目は、起動オプションの秘密鍵を変数priv_keyにセットします。

4行目は、起動オプションのアセット加算値を変数AMOUNT_PREPAYにセットします。

5行目は、起動オプションのアセット加算値を変数AMOUNT_TICKETにセットします。

6行目は、起動オプションのアセット加算値を変数AMOUNT_TOTALにセットします。

8行目から50行目は、JavaScriptクライアントライブラリを使用するための準備、自動終了、処理結果を表示するfetchCommitsです。iroha12.jsファイルと同様です。

53行目から86行目は、Promise.all構文による一括処理です。addAssetQuantityは、送信元のアカウントIDに対してアセットの加算を行います。後半のリクエストパラメータには、アセットIDと加算額を指定します。

〈**Advice**〉

> Promise.allに記述された3つの加算処理は、非同期実行のため順番が入れ替わります。

Chart 4-2-21　Promise.all構文内部の内容

使用API		commands.addAssetQuantity		
コード上の位置		54行目〜63行目	64行目〜73行目	74行目〜83行目
処理内容	送信元情報	アカウントID	変数 ACCOUNT_ID		
		秘密鍵	変数 priv_key		
		票数（定足数）	1		
		使用サービス	定数 commandService		
		タイムアウト	5秒（5000ms）		
	指示内容	アセットID	prepay#nihon	ticket#nihon	total#nihon
		加算額	変数 AMOUNT_PREPAY	変数 AMOUNT_TICKET	変数 AMOUNT_TOTAL
標準出力		console.log		
エラー出力		console.error		

4.2.6 アセット転送処理&アセット加算処理

アセット転送処理&アセット加算処理は、2つのアセット（prepay#nihon、ticket#nihon）の転送とtotal#nihonアセットの加算を一度に行います。第5章のWebアプリケーションでも利

用しています。

　prepay#nihon と ticket#nihon は、持っていたアセットを支払ったイメージです。転送
（transferAsset）の場合、メッセージ付きで履歴が残りますので減算（subtractAssetQuantity）よ
りも具体的な記録となります。total#nihon は、支払った額の累計を記録する役割とし、加算し
ます。一連の処理をまとめて実行することで、ブロックチェーンの同じブロックに格納されます。
後からブロックチェーンを参照する際にも便利です。

Chart 4-2-22 アセット転送処理＆アセット加算処理のイメージ

　アセットを転送するには、Command タイプの transferAsset を使用します。アセットの加算
には、addAssetQuantity を使用します。処理結果を表示には、Query タイプの fetchCommits を
使用します。

Chart 4-2-23 transferAsset の概要

API タイプ	Command
API 名	transferAsset
処理内容	アセットを転送します
リクエストパラメータ	転送元アカウント ID
	転送先アカウント ID
	アセット ID
	メッセージ
	転送値

　transferAsset では、メッセージを添えることができます。iroha-cli コマンドのアセット転送で
は、メッセージの入力はありません。

アセット転送処理＆アセット加算処理の実行

　iroha04.js ファイルには、パラメータとして送信元アカウント ID、秘密鍵、転送額（prepay#
nihon）、転送額（ticket#nihon）、加算額（total#nihon）、メッセージの 6 つを指定します。実行
すると数秒で結果が表示されます。

```
1   ~$ cd ~/node_modules/iroha-helpers/example ─────────────── ディレクトリを移動
2   ~$ node iroha04.js kanri@nihon a5d6f8fa4d0c358dc5218e4bcaf46e175b0fbc4cb80d0a00e5
    62e1dc50f6d4a6 10.5 2 30.1 JavaScriptで実施
```

2行目では、iroha04.js をアカウント ID、秘密鍵（kanri@nihon 作成時の秘密鍵で、kanri@
priv の内容です）、prepay#nihon アセットの転送額「10.5」、ticket#nihon アセットの転送額「2」、
total#nihon アセットの加算額「30.1」、メッセージ「JavaScript で実施」をパラメータとして実
行します。

ログの解説は、付録「A.5　各種ソースコード解説」内の「A.5.3　アセット転送処理＆アセッ
ト加算処理」をご参照ください。

アセット転送処理＆アセット加算処理のソースコード

アセット転送処理＆アセット加算処理の呼出ファイル iroha04.js は、iroha01.js とほぼ同様で
すので、そちらをご参照ください。

また、iroha04.js から呼び出される iroha14.js ファイルには、Hyperledger Iroha API の
transferAsset と addAssetQuantity と fetchCommits を使用するコードを記述しています。10 行
目から 52 行目は、JavaScript クライアントライブラリを使用するための準備、自動終了、処理
結果を表示する fetchCommits です。55 行目以降が、transferAsset と addAssetQuantity を使用
したコードです。

Chart 4-2-24 アセット転送処理＆アセット加算処理（iroha14.js ファイル）のコード

```
1   // アセット転送処理
2   let F_ACCOUNT_ID  = process.argv[2]    // 転送元アカウントID
3   let priv_key      = process.argv[3]    // 秘密鍵
4   let AMOUNT_PREPAY = process.argv[4]    // アセット転送値（prepay#nihon）
5   let AMOUNT_TICKET = process.argv[5]    // アセット転送値（ticket#nihon）
6   let AMOUNT_TOTAL  = process.argv[6]    // アセット加算値（total#nihon）
7   let MSG           = process.argv[7]    // メッセージ
8   const T_ACCOUNT_ID = 'user@nihon'      // 転送先アカウントID
9
10  let util = require('util')             // 戻り値（ブロック）の分解に使用
11
12  // for usage with grpc package use endpoint_grpc_pb file
13  import grpc from 'grpc'
14  import {
15    QueryService_v1Client,
```

```
16      CommandService_v1Client
17  } from '../lib/proto/endpoint_grpc_pb'
18
19  import commands from '../lib/commands'
20  import queries from '../lib/queries'
21
22  const IROHA_ADDRESS = 'localhost:50051'
23
24  // fetchCommitsで使用
25  const adminId = 'admin@test'
26  const adminPriv = 'f101537e319568c765b2cc89698325604991dca57b9716b58016b253506cab
    70'
27
28  const commandService = new CommandService_v1Client(
29    IROHA_ADDRESS,
30    grpc.credentials.createInsecure()
31  )
32
33  const queryService = new QueryService_v1Client(
34    IROHA_ADDRESS,
35    grpc.credentials.createInsecure()
36  )
37
38  // 自動的終了するための処理
39  setTimeout(() => {
40      console.log('AutoEnd!')
41      process.exit(0)
42    }, 7000)
43
44  // 完了したブロックを採取
45  queries.fetchCommits({
46      privateKey: adminPriv,
47      creatorAccountId: adminId,
48      queryService
49    },
50    (block) => console.log('fetchCommits new block:', util.inspect(block,false,
    null)),
51    (error) => console.error('fetchCommits failed:', error.stack)
52  )
53
54  // アセットの転送処理
```

```
55   Promise.all([
56     commands.transferAsset({
57       privateKeys: [priv_key],
58       creatorAccountId: F_ACCOUNT_ID,
59       quorum: 1,
60       commandService,
61       timeoutLimit: 5000
62     }, {
63       srcAccountId: F_ACCOUNT_ID,
64       destAccountId: T_ACCOUNT_ID,
65       assetId: 'prepay#nihon' ,
66       description: MSG ,
67       amount: AMOUNT_PREPAY
68     }),
69     commands.transferAsset({
70       privateKeys: [priv_key],
71       creatorAccountId: F_ACCOUNT_ID,
72       quorum: 1,
73       commandService,
74       timeoutLimit: 5000
75     }, {
76       srcAccountId: F_ACCOUNT_ID,
77       destAccountId: T_ACCOUNT_ID,
78       assetId: 'ticket#nihon' ,
79       description: MSG ,
80       amount: AMOUNT_TICKET
81     }),
82     commands.addAssetQuantity({
83       privateKeys: [priv_key],
84       creatorAccountId: F_ACCOUNT_ID,
85       quorum: 1,
86       commandService,
87       timeoutLimit: 5000
88     }, {
89       assetId: 'total#nihon' ,
90       amount: AMOUNT_TOTAL
91     })
92   ])
93     .then(a => console.log(a))
94     .catch(e => console.error(e))
```

2 行目は、起動オプションの転送元アカウント ID を変数 F_ACCOUNT_ID にセットします。

3 行目は、起動オプションの秘密鍵を変数 priv_key にセットします。

4 行目は、起動オプションのアセット転送値を変数 AMOUNT_PREPAY にセットします。

5 行目は、起動オプションのアセット転送値を変数 AMOUNT_TICKET にセットします。

6 行目は、起動オプションのアセット加算値を変数 AMOUNT_TOTAL にセットします。

7 行目は、起動オプションのメッセージを変数 MSG にセットします。

8 行目は、「user@nihon」を定数 T_ACCOUNT_ID にセットします。

10 行目から 52 行目は、JavaScript クライアントライブラリを使用するための準備、自動終了、処理結果を表示する fetchCommits です。iroha12.js ファイルと同様です。

55 行目から 94 行目は、Promise.all 構文による一括処理です。送信元のアカウント ID に対してアセットの転送および加算を行います。transferAsset の後半のリクエストパラメータには、転送元アカウント ID と転送先アカウント ID とアセット ID と転送額とメッセージを指定します。

〈**Advice**〉

Promise.all に記述された 2 つの転送処理と加算処理は、非同期実行のため順番が入れ替わります。

Chart 4-2-25　Promise.all 構文内部の内容

処理内容		使用 API	commands.transferAsset		commands.add AssetQuantity
		コード上の位置	56 行目〜 68 行目	69 行目〜 81 行目	82 行目〜 91 行目
	送信元情報	アカウント ID	変数 F_ACCOUNT_ID		
		秘密鍵	変数 priv_key		
		票数（定足数）	1		
		使用サービス	定数 commandService		
		タイムアウト	5 秒（5000ms）		
	指示内容	送信元アカウント ID	変数 F_ACCOUNT_ID		
		送信先アカウント ID	定数 T_ACCOUNT_ID		
		アセット ID	prepay#nihon	ticket#nihon	total#nihon
		メッセージ	変数 MSG	変数 MSG	
		転送額／加算額	変数 AMOUNT_PREPAY	変数 AMOUNT_TICKET	変数 AMOUNT_TOTAL
標準出力			console.log		
エラー出力			console.error		

🔒 4.2.7 ブロック内容表示（ブロック位置指定）

getBlock は、ブロック位置をピンポイントで指定して内容を戻す Hyperledger Iroha API です。戻り値には、配列やオブジェクトを含みますので、fetchCommits と同様に util モジュールで分解します。

Chart 4-2-26 getBlock の概要

API タイプ	Query
API 名	getBlock
処理内容	ブロックの内容を表示します
リクエストパラメータ	ブロック位置

出力例は、大量なので実行結果を参照してください。

ブロック内容表示（ブロック位置指定）の実行

iroha05.js ファイルには、パラメータとしてブロック位置を指定します。実行すると数秒で結果が表示されます。

Terminal 4-2-10 ブロック内容表示（ブロック位置指定）(iroha05.js ファイルおよび iroha15.js ファイル) の実行

```
 1   ~$ cd ~/node_modules/iroha-helpers/example ───────── ディレクトリを移動
 2   ~$ node iroha05.js 6 ───────── iroha05.js を、ブロック位置「6」をパラメータとして実行
     ≫ 以下のようにブロック内容が表示される
12                   createAccount:
13                     { accountName: 'you',
14                       domainId: 'test',
15                       publicKey: '29f15463d446bd8c4f48f06b2c7d2709a71771edd9c
     dc18ef3c475df399cda29' },
```

ログの解説は、付録「A.5　各種ソースコード解説」内の「A.5.4　ブロック内容表示（ブロック位置指定)」をご参照ください。

ブロック内容表示（ブロック位置指定）のソースコード

ブロック内容表示（ブロック位置指定）の呼出ファイル iroha05.js は、iroha01.js とほぼ同様ですので、そちらをご参照ください。

また、iroha05.js から呼び出される iroha15.js ファイルには、Hyperledger Iroha API の getBlock を使用するコードを記述しています。4 行目から 23 行目は、JavaScript クライアントライブラリを使用するための準備です。25 行目以降が、getBlock を使用したコードです。

Chart 4-2-27 ブロック内容表示（ブロック位置指定）（iroha15.js ファイル）のコード

```
 1  // ブロック表示（ブロック位置）
 2  let Block_height   = process.argv[2]   // ブロック位置
 3
 4  let util = require('util');              // 戻り値の分解に使用
 5
 6  // for usage with grpc package use endpoint_grpc_pb file
 7  import grpc from 'grpc'
 8  import {
 9    QueryService_v1Client
10  } from '../lib/proto/endpoint_grpc_pb'
11
12  import queries from '../lib/queries'
13
14  const IROHA_ADDRESS = 'localhost:50051'
15
16  // getBlockで使用
17  const adminId = 'admin@test'
18  const adminPriv = 'f101537e319568c765b2cc89698325604991dca57b9716b58016b253506cab
    70'
19
20  const queryService = new QueryService_v1Client(
21    IROHA_ADDRESS,
22    grpc.credentials.createInsecure()
23  )
24
25  Promise.all([
26    queries.getBlock({
27      privateKey: adminPriv,
28      creatorAccountId: adminId,
29      queryService,
30      timeoutLimit: 5000
31    }, {
32      height : Block_height
33    })
34  ])
35    .then(a => console.log(util.inspect(a,false,null)))
36    .catch(e => console.error(e))
```

2行目は、起動オプションの1つ目を変数 Block_height にセットします。

4行目は、utilモジュールを読み込んで、変数utilにセットします。getBlockの戻り値を分解して表示します。

7行目から23行目は、JavaScriptクライアントライブラリを使用するための準備です。iroha11.jsファイルと同様です。

25行目から36行目は、Promise.all構文による一括処理です。getBlockの前半は、Hyperledger Iroha APIを送信するアカウント情報など送信元情報です。後半のリクエストパラメータには、ブロック位置を指定します。

Chart 4-2-28 Promise.all 構文内部の内容

処理内容	使用 API		queries.getBlock
	送信元情報	アカウント ID	定数 adminId
		秘密鍵	定数 adminPriv
		使用サービス	定数 queryService
		タイムアウト	5 秒（5000ms）
	ブロック位置		変数 Block_height
標準出力	console.log		
	util モジュールの inspect メソッドで戻り値を分解		
エラー出力	console.error		

❖ 4.2.8 トランザクション内容表示（アカウント指定）

getAccountTransactionsは、アカウントIDを指定して該当するトランザクション内容を戻すHyperledger Iroha APIです。getAccountTransactionsは、ページングの概念を持っています。1回あたりのトランザクション数を指定すると、指定されたトランザクション数の内容を戻します。さらに次ページを示すハッシュ値を返します。2回目以降は、次ページを示すハッシュ値を、パラメータで指定します。

Chart 4-2-29 getAccountTransactions の概要

API タイプ	Query
API 名	getAccountTransactions
処理内容	該当するトランザクションをページ単位で得られます
リクエストパラメータ	アカウント ID
	ページ数
	ページ位置を指定するハッシュ値（getAccountTransactions は次ページがある場合、次ページを示すハッシュ値を示します）

トランザクション内容表示（アカウント指定）の実行

iroha06.jsファイルには、パラメータとしてアカウントIDを指定します。初回は、ハッシュ値の指定はありません。実行すると数秒で結果が表示されます。

トランザクション内容表示（アカウント指定）（iroha06.js ファイルおよび iroha16.js ファイル）の実行結果ログ（1 ページ目）

```
 1  ~$ cd ~/node_modules/iroha-helpers/example ─────────── ディレクトリを移動
 2  ~$ node iroha06.js kanri@nihon ───────── iroha06.js を kanri@nihon を指定して実行
≋
63  nextTxHash: '4247edb42d9b386ee45e5db53b8c276bf1ff5d6cd9e0fe9065587cd27fd97b6e' }
    ] ──────────────────────── 次ページがある場合、ハッシュ値が表示されます
```

Terminal 4-2-12　トランザクション内容表示（アカウント指定）の実行結果（2 ページ目）

```
 1  ~$ node iroha06.js kanri@nihon 4247edb42d9b386ee45e5db53b8c276bf1ff5d6cd9e0fe9065
    587cd27fd97b6e ─────────── iroha06.js を kanri@niho と、次ページを示すハッシュ値を指定して実行
```

　ログ解説は、付録「A.5　各種ソースコード解説」内の「A.5.5　トランザクション内容表示（アカウント指定）」をご参照ください。

トランザクション内容表示（アカウント指定）のソースコード

　トランザクション内容表示（アカウント指定）の呼出ファイル iroha06.js は、iroha01.js とほぼ同様ですので、そちらをご参照ください。

　また、iroha06.js から呼び出される iroha16.js ファイルには、Hyperledger Iroha API の getAccountTransactions を使用するコードを記述しています。5 行目から 24 行目は、JavaScript クライアントライブラリを使用するための準備です。26 行目以降が、getAccountTransactions を使用したコードです。

Chart 4-2-30　トランザクション内容表示（アカウント指定）（iroha16.js ファイル）のコード

```
 1  // ブロック表示（アカウント）
 2  let ACCOUNT_ID = process.argv[2]    // アカウントID
 3  let NEXT_HASH  = process.argv[3]    // ネクストページハッシュ値
 4
 5  let util = require('util')          // 戻り値の分解に使用
 6
 7  // for usage with grpc package use endpoint_grpc_pb file
 8  import grpc from 'grpc'
 9  import {
10    QueryService_v1Client
11  } from '../lib/proto/endpoint_grpc_pb'
12
13  import queries from '../lib/queries'
14
```

```
15   const IROHA_ADDRESS = 'localhost:50051'
16
17   // getAccountTransactionsで使用
18   const adminId = 'admin@test'
19   const adminPriv = 'f101537e319568c765b2cc89698325604991dca57b9716b58016b253506cab
     70'
20
21   const queryService = new QueryService_v1Client(
22     IROHA_ADDRESS,
23     grpc.credentials.createInsecure()
24   )
25
26   Promise.all([
27     queries.getAccountTransactions({
28       privateKey: adminPriv,
29       creatorAccountId: adminId,
30       queryService,
31       timeoutLimit: 5000
32     }, {
33       accountId: ACCOUNT_ID ,
34       pageSize: 1,
35       firstTxHash: NEXT_HASH
36     })
37   ])
38     .then(a => console.log(util.inspect(a,false,null)))
39     .catch(e => console.error(e))
```

2 行目は、起動オプションのアカウント ID を変数 ACCOUNT_ID にセットします。

3 行目は、起動オプションのネクストページハッシュ値を変数 NEXT_HASH にセットします。

5 行目は、util モジュールを読み込んで、変数 util にセットします。getAccountTransactions
の戻り値を分解して表示します。

8 行目から 24 行目は、JavaScript クライアントライブラリを使用するための準備です。
iroha11.js ファイルと同様です。

26 行目から 39 行目は、Promise.all 構文による一括処理です。getAccountTransactions の前半
は、Hyperledger Iroha API を送信するアカウント情報など送信元情報です。後半のリクエスト
パラメータには、アカウント ID とページ数「1」と次ページのハッシュ値を指定します。

Chart 4-2-31 Promise.all 構文内部の内容

処理内容	使用 API		queries.getAccountTransactions
	送信元情報	アカウント ID	定数 adminId
		秘密鍵	定数 adminPriv
		使用サービス	定数 queryService
		タイムアウト	5 秒（5000ms）
	アカウント ID		変数 ACCOUNT_ID
	ページあたりの数		1
	次ページのハッシュ値		変数 NEXT_HASH
標準出力	console.log		
	util モジュールの inspect メソッドで戻り値を分解		
エラー出力	console.error		

《Memo》

> ページングとは、1 ページあたりの表示数を指定すると、自動的に表示数ごとにページに分けて結果を返します。

　第 4 章では、クライアント API ライブラリを使用して Hyperledger Iroha をプログラムから操作しました。Iroha-cli コマンドとパラメータがほぼ同様ですので、対比するとわかりやすいかもしれません。第 4 章では、個々のプログラムを手動で実行しました。第 5 章では、一連の流れとして Web アプリケーションにまとめた例題を解説します。

4

5

Web アプリケーションベース
の例題

第 5 章では、Web アプリケーションベースの例題を解説します。Hyperledger Iroha を「ポイント管理システム」に採用したシチュエーションです。コード量は多くなりますが、ブロックごとに分かれています。第 4 章のプログラムを活用し、それぞれの処理内容を容易に理解できる構造です。

5.1 JavaScript クライアントライブラリを使用した Web アプリケーション

第 5 章では、具体的な例題として、Web アプリケーションで Hyperledger Iroha を活用するコードを解説します。

実際に Hyperledger Iroha を操作するコードは、第 4 章の例題で作成済です。これらのコードを再利用する形で Web アプリケーションを構築します。

5.1.1 例題「コワーキングスペース日本」のシチュエーション

働き方が多様化する中で、新たな活動拠点としてコワーキングスペースの利用が急速に増加しています。フリースペース／会議／イベントなど、さまざまな用途で利用する機会も増えていると思います。例題では、架空の「コワーキングスペース日本」で、利用料金の支払処理をテーマとしています。プリペイド方式、回数券、現金などの支払を管理する Web アプリケーションです。このような支払管理は、他の業種や業務でも当てはまると思います。

Chart 5-1-1 「コワーキングスペース日本」のイメージ

処理内容

例題「コワーキングスペース日本」には、3 つの機能があります。

① 新規の会員を登録する機能
具体的には、登録画面から入力された会員の情報から、Hyperledger Iroha の nihon ドメインにアカウントを作成します。アカウント以外の情報は、PostgreSQL に記録します。

② プリペイドと回数券をチャージする処理
現金を支払って、プリペイドと回数券を増加させます。プリペイドのチャージは、prepay#nihon アセットを加算します。回数券のチャージ（購入）は、ticket#nihon アセッ

トを加算します。現金は、支払の累計として total#nihon アセットを追加します。

③ 支払処理

プリペイド（prepay#nihon アセット）と回数券（ticket#nihon アセット）を減らします。実際には、1 つのアカウント（user@nihon）に転送します。現金については、支払累計として total#nihon アセットに追加します。

①新規の会員を登録　　　　③お支払

②プリペイドと回数券をチャージする

Chart 5-1-2 例題「コワーキングスペース日本」の機能

Webページと各処理の関係

例題「コワーキングスペース日本」は、Web アプリケーションですので、Web ページと各処理が連携して動作します。「トップメニュー」を起点に「新規会員登録画面」と「チャージ画面」と「お支払画面」の 4 つの Web ページで構成しています。各画面の表示前と入力後に処理があります。

Web ページと各処理の関係は、Chart 5-1-3 のとおりです。Hyperledger Iroha の操作は、第 4 章で解説したコードを利用しています。

例題「コワーキングスペース日本」は、Node.js により、Apache httpd や Microsoft Internet Information Services（IIS）や Nginx などの Web サーバがなくてもプログラムコードだけで Web サーバ処理を行います。

5

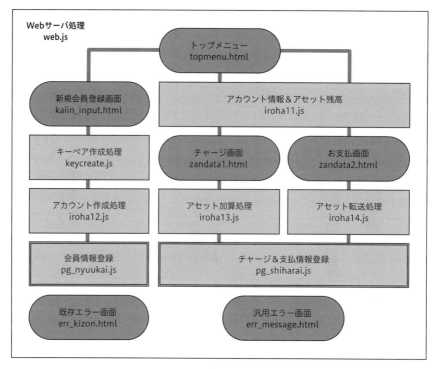

Chart 5-1-3 例題「コワーキングスペース日本」の画面遷移と処理内容

データベース

Hyperledger Iroha の役割は、ブロックチェーン技術によって取引内容と結果を厳密に保持することです。明細情報や補足情報などを格納する用途には不向きです。そのような情報は、RDBMS などの従来のデータベースに格納するのが現実的です。例題「コワーキングスペース日本」では、会員情報などの文字情報や支払明細などの詳細情報を PostgreSQL に格納します。

《Memo》

例題「コワーキングスペース日本」は、some-postgres コンテナの PostgreSQL データベースを流用します。

Hyperledger Iroha 自体が管理で使用しているデータベースと混在しないように別のデータベース領域を作成してデータを格納します。データベース名は「reidai」とします。

会員情報は「kaiin_info」テーブルに格納します。支払情報は、「shiharai_info」テーブルに格納します。各テーブルは、Chart 5-1-4 および Chart 5-1-5 のような構成です。

Chart 5-1-4 「kaiin_info」テーブルの内容

カラム名	データタイプ	内容
no	serial	整理番号（自動的に通番をセット）
id	VARCHAR(20)	アカウント名
name	VARCHAR(50)	名前
kana	VARCHAR(50)	名前（よみ）
addr	VARCHAR(100)	住所
tel	VARCHAR(30)	電話番号
bd	VARCHAR(20)	誕生日
ed	VARCHAR(20)	有効期限（登録日の3年後）
block	bigint	Hyperledger Iroha のブロック位置
today	timestamp	登録日時（自動的にで現在日時をセット）

　「kaiin_info」テーブルには、新規会員登録画面（kaiin_input.html）に入力された内容を会員情報登録（pg_nyuukai.js）が格納します。

Chart 5-1-5 「shiharai_info」テーブルの内容

カラム名	データタイプ	内容
no	serial	整理番号（自動的に通番をセット）
id	VARCHAR(20)	アカウント名
prepay	numeric	プリペイのチャージ額または使用額（prepay#nihon アセット）
ticket	numeric	回数券の購入数または使用数（ticket#nihon アセット）
total	numeric	支払額（total#nihon アセット）
shisetsu	VARCHAR(50)	使用施設
ninzu	int	ご利用人数
usetime	numeric	ご利用時間
job	VARCHAR(10)	処理区分（チャージの場合「charge」、支払の場合「shiharai」）
today	timestamp	登録日時（自動的にで現在日時をセット）

　「shiharai_info」テーブルには、チャージ画面（zandata1.html）とお支払画面（zandata2.html）に入力された内容をチャージ＆支払情報登録（pg_shiharai.js）が格納します。

5.1.2 例題「コワーキングスペース日本」構築作業

　例題「コワーキングスペース日本」を動作させるための構築手順を解説します。例題「コワーキングスペース日本」は、できるだけ少ない作業で動作するようにしています。

> Hyperledger Iroha については、本書の第 3 章の 3.2 節で解説した内容を使用します。また、Hyperledger Iroha が使用している PostgreSQL を共用します。プログラムコードは、すでに解説した例題ファイルを再利用します。

よって、構築は、第 4 章終了後の状態で、Docker ホストの ~/node_modules/iroha-helpers/example/ ディレクトリに 3 つの js ファイルと 6 つの HTML ファイルをコピーしてください。この後、データベースの構築を行います。

Hyperledger Iroha の設定

例題「コワーキングスペース日本」では、以下のドメイン／アカウント／アセットを使います。これらは、本書の第 3 章の 3.2 節で作成します。3.2 節での作業が終了した時点の状態を、そのまま使用できます。

Chart 5-1-6　「コワーキングスペース日本」が使用するドメイン／アカウント／アセット

Hyperledger Iroha 設定	内容
test ドメイン admin@test アカウント	Hyperledger Iroha を構築した際に自動的に作成されます
nihon ドメイン prepay#nihon アセット ticket#nihon アセット total#nihon アセット user@nihon アカウント	本書の第 3 章の 3.2 節で作成します

データベース構築作業

「コワーキングスペース日本」は、会員情報と支払情報を PostgreSQL に格納します。既に some-postgre コンテナで稼働している PostgreSQL を共用して、新たな領域（データベース）を構築して使用します。

some-postgre コンテナで稼働している PostgreSQL にアクセスして、1 つのデータベースと内部に 2 つのテーブルを作成します。以下の手順で、データベースとテーブルを作成します。

Terminal 5-1-1　「コワーキングスペース日本」が使用するデータベースおよびテーブルの構築手順ログ

```
1  ~$ sudo docker exec -it some-postgres /bin/bash
2  /# psql -U postgres postgres
3  psql (9.5.17)
4  Type "help" for help.
5
6  postgres=# CREATE DATABASE reidai;
7  CREATE DATABASE
8  postgres=# \c reidai
```

```
 9   You are now connected to database "reidai" as user "postgres".
10   reidai=# CREATE TABLE kaiin_info (
11   no serial,
12   id VARCHAR(20),
13   name  VARCHAR(50),
14   kana  VARCHAR(50),
15   addr VARCHAR(100),
16   tel VARCHAR(30),
17   bd VARCHAR(20),
18   ed VARCHAR(20),
19   block bigint,
20   today timestamp DEFAULT now(),
21   PRIMARY KEY(no));
22   CREATE TABLE
23   reidai=# CREATE TABLE shiharai_info (
24   no serial,
25   id VARCHAR(20),
26   prepay    numeric,
27   ticket    numeric,
28   total     numeric,
29   shisetsu VARCHAR(50),
30   ninzu     int,
31   usetime  numeric,
32   job       VARCHAR(10),
33   today timestamp DEFAULT now(),
34   PRIMARY KEY(no));
35   CREATE TABLE
36   reidai=# \q
37   /# exit
```

1行目は、some-postgre コンテナにアクセスします。

2行目は、psql コマンドにて PostgreSQL にログインします。ユーザは、「postgres」です。データベース「postgres」に接続します。Hyperledger Iroha Ver1.1.0 以降を使用している場合には、データベース名を「iroha_default」に変更してください。

6行目は、「reidai」データベースを作成します。

8行目は、「reidai」データベースに接続します。

10行目から21行目は、「kaiin_info」テーブルを作成します。

23行目から34行目は、「shiharai_info」テーブルを作成します。

36行目は、psql コマンドを終了します。

37行目は、some-postgre コンテナから Docker ホストに戻ります。

ファイルの配置

サンプルファイル「Iroha_Sample.zip」を解凍して、example2 ディレクトリに格納されたファイルを Docker ホストのホームディレクトリ内の ~/node_modules/iroha-helpers/example/ ディレクトリにコピーします。

内容は、以下のとおりになります。前章で使用した例題ファイル（以下の表でグレーアウト）はそのまま使用します。

Chart 5-1-7 「コワーキングスペース日本」の js ファイル構成

処理区分	呼出ファイル名	本体ファイル名	内容
Web	－	web.js	Web アプリケーション本体 ＊環境に合わせて 33 行目を修正
会員登録	－	keycreate.js	キーペア作成 ＊環境に合わせて 12 行目を修正
	iroha02.js	iroha12.js	アカウント作成
	－	pg_nyuukai.js	会員情報を PostgreSQL に登録
残高情報	iroha01.js	iroha11.js	アカウント情報＆残高情報の表示
チャージ処理	iroha03.js	iroha13.js	アセット加算処理
支払処理	iroha04.js	iroha14.js	アセット転送処理＆アセット加算処理
	－	pg_shiharai.js	支払情報を PostgreSQL に登録 （チャージ処理と支払処理で共用）

「コワーキングスペース日本」で使用する HTML ファイルは、次の表のとおりです。

Chart 5-1-8 「コワーキングスペース日本」の HTML ファイル構成

ページ名	ファイル名	内容
トップメニュー	topmenu.html	最初のページです
新規会員登録画面	kaiin_input.html	新規に会員を登録します
チャージ画面	zandata1.html	プリペイと回数券をチャージします
お支払画面	zandata2.html	プリペイ／回数券／現金で支払います
既存エラー画面	err_kizon.html	新規会員登録でアカウント ID が重複した場合
汎用エラー画面	err_message.html	その他のエラー発生時に表示

実行環境に合わせた web.js ファイルの修正

keycreate.js ファイルと同様に実行環境に合わせて、33 行目のディレクトリ指定を修正してください。修正する内容は、「4.2.3」の keycreate.js ファイルと同様です。

〈**Advice**〉

ご利用の Docker ホストのホームディレクトリに合わせて、web.js ファイルの 33 行目を修正します。

🔗 5.1.3 例題「コワーキングスペース日本」の操作

例題「コワーキングスペース日本」の起動／停止と各 Web ページの操作方法を解説します。起動／停止については、1 つの JavaScript コードを実行／停止するだけなので非常に簡単です。

各 Web ページでは、Web ページの遷移やエラー出力なども含めて解説します。具体的に例題「コワーキングスペース日本」の機能を把握できます。それによって、Web ページの前後処理を担うソースコードの理解の助けとなります。

例題「コワーキングスペース日本」の起動と停止

「コワーキングスペース日本」は、web.js ファイルをターミナルで実行すると起動します。具体的には、Hyperledger Iroha が動作した状態で Docker ホストから以下の操作で起動します。

Terminal 5-1-2 「コワーキングスペース日本」の起動

```
1  ~$ cd ~/node_modules/iroha-helpers/example    ──── ディレクトリを移動
2  ~$ sudo node web.js                           ──── web.js の実行
3  Server running at http://localhost:8080/      ──── 実行開始のメッセージ
```

「Server running at http://localhost:8080/」と表示すれば、「コワーキングスペース日本」の起動成功です。ターミナルは、このままにしておきます。稼働中は、各処理の内容が順次表示されます。

起動後、Web ブラウザより、http://localhost:8080/ にアクセスします。「コワーキングスペース日本」のトップメニューが表示されます。

Chart 5-1-9 「コワーキングスペース日本」のトップメニュー

「コワーキングスペース日本」の停止は、「コワーキングスペース日本」を起動したターミナルで Ctrl + C を入力してください。

《Advice》

> ここでは、http を使用します。言うまでもありませんが、公開等をされる場合は、セキュア通信となるよう配慮してください。

《**Memo**》

例題「コワーキングスペース日本」の各画面の遷移および処理の関係は、Chart 5-1-3 を参照ください。

新規会員登録

　Top メニューの［1.新規会員登録］を選択（クリック）すると「新規会員登録画面」に遷移します。［アカウント：］右側のテキストボックスには、Hyperledger Iroha のアカウント名（@nihon ドメインは入力不要です）を半角英数字のみを入力してください。その他のテキストボックスにも情報を入力します。

Chart 5-1-10　「新規会員登録画面」の入力例

　［登録］ボタンをクリックすると、登録処理を実行します。問題がなければ、自動的にトップメニューに戻ります。

　既に同じアカウント名が存在する場合には、「既存エラー画面」が表示されます。

Chart 5-1-11　既存エラー画面

チャージ

　プリペイドや回数券のチャージを行う場合には、トップメニューの［チャージアカウント：］右のテキストボックスにチャージを行うアカウント名を入力します。［2. チャージ］ボタンをクリックすると「チャージ画面」に遷移します。「チャージ画面」には、現在のプリペイ残高と回数券残数が表示されます。チャージするプリペイと回数券を選択して、［お支払現金：］右側のテキストボックスに支払額を入力します。

Chart 5-1-12　「チャージ画面」の入力例

　トップメニューの［チャージアカウント：］に入力したアカウント名が見つからない場合には、「汎用エラー画面」を表示します。

Chart 5-1-13　汎用エラー画面

支払

　支払を行う場合には、トップメニューの［支払いアカウント：］右のテキストボックスに支払を行うアカウント名を入力します。［3. 支払］ボタンをクリックすると「お支払画面」に遷移します。利用明細と支払内容を入力します。

　「お支払画面」では、プリペイ残高や回数券の残高との関係のみをチェックしています。

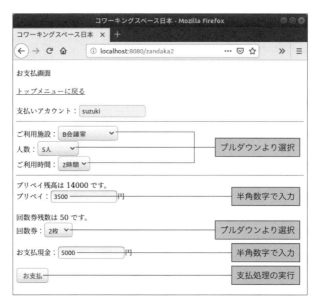

Chart 5-1-14 「お支払画面」の入力例

　「お支払画面」は、プリペイ残高と回数券残数を超える数値を入力した場合、警告を表示して［お支払］ボタンを使用不可能に変更します。

Chart 5-1-15 プリペイ残高を超える数値を入力した場合の警告

　［OK］ボタンをクリックするとメッセージは消えます。その時点で、［お支払い］ボタンは使用不可になります。残高を超えている項目を修正することで、［お支払い］ボタンは使用可能になります。

§ 5.1.4 例題「コワーキングスペース日本」ソースコード

例題「コワーキングスペース日本」は、Node.js の特性を生かして、Web ブラウザからのリクエストに応じて HTML データを返信するといった Web サーバの機能も含めて JavaScript で行います。あらためて Web サーバを用意する必要はありません。

《Memo》

例題「コワーキングスペース日本」は、起動するだけで Web ブラウザと連携して動作します。

web.js ファイルの概要

例題「コワーキングスペース日本」は、web.js ファイルに Web サーバの機能を集約しています。web.js ファイルのソースやその解説は、付録「A.5　各種ソースコード解説」内の「A.5.6　例題「コワーキングスペース日本」のコード解説」をご参照ください。また、本書の解説用の例題ですので、それ以外の使い方は自己責任でお願いします。

web.js ファイルのコードは、大きく 2 つのブロックに分かれています。

215 行目以降は、Web ブラウザからのリクエスト内容をもとに処理内を分岐します。POST（入力データ有）の場合には、FORM タグで入力されたデータを変数に格納します。

Chart 5-1-16 web.js ファイルの全体構造

行数	概要		
3 ～ 5	モジュールの読み込み		
7 ～ 33	変数および定数の宣言		
35	http サーバを作成		
37	外部プロセス呼び出しに使用		
40 ～ 382	http サーバのリクエストがあれば動作する範囲		
41 ～ 213	Response オブジェクトの宣言（レスポンス内容の作成）		
	topmenu	42 ～ 50 行目	topmenu.html 返信
	kaiin_input	51 ～ 59 行目	kaiin_input.html
	nyuukai	60 ～ 97 行目	会員登録（iroha02.js） pg_nyuukai.js topmenu.html
	zandaka1	98 ～ 112 行目	zandata1.html
	zandaka2	113 ～ 127 行目	zandata2.html
	charge	128 ～ 157 行目	チャージ処理（iroha03.js） pg_shiharai.js topmenu.html
	shiharai	158 ～ 190 行目	支払処理（iroha04.js） pg_shiharai.js topmenu.html

行数	概要			
41 ～ 213	err_kizon	191 ～ 199 行目	err_kizon.html	
	err_message	200 ～ 212 行目	err_message.html	
215	url オブジェクトの pathname プロパティを変数 uri にセット			
217 ～ 381	POST の有無と url の内容により分岐			
	POST あり	218 ～ 226 行目	変数初期化と POST で一多	
		/nyuukai	228 ～ 264 行目	キーペア作成（keycreate.js）FORM タグを取り込み nyuukai へ
		/zandaka1 /zandaka2	265 ～ 307 行目	残高確認（iroha01.js）zandaka1 へ zandaka2 へ
		/charge	308 ～ 330 行目	FORM タグを取り込み 秘密鍵取り込み charge へ
		/shiharai	331 ～ 363 行目	FORM タグを取り込み 秘密鍵取り込み shiharai へ
			364 ～ 367 行目	topmenu へ
	POST 以外	/topmenu	371 ～ 373 行目	topmenu へ
		/kaiin_input	374 ～ 376 行目	kaiin_input へ
			377 ～ 380 行目	topmenu へ
385	8080 ポートからのデータを読み込み			
386	コンソールに「Server running at http://localhost:8080/」を表示			

　処理別に整理するとリダイレクトのみ（単純に HTML ファイルを表示するだけ）の場合は、非常にシンプルです。

Chart 5-1-17 web.js ファイルの処理別の流れ（リダイレクトのみ）

	トップメニュー	新規会員登録	既存アカウントエラー画面	汎用エラー画面
URL	/topmenu	/kaiin_input		
行範囲	371 ～ 373	374 ～ 376		
request	topmenu	kaiin_input	err_kizon	err_message
行範囲	42 ～ 50	51 ～ 59	191 ～ 199	200 ～ 212
画面出力	topmenu.html	kaiin_input.html	err_kizon.html	err_message.html エラーメッセージ置換

　入力データ（HTTP メソッドの POST）がある場合は、前段と後段に処理が分かれます。

　前段は、FORM タグの入力データを変数に格納するなどの準備が主な処理です。また、キーペア作成（keycreate.js）や残高確認（iroha01.js）などは、失敗した場合にはエラーを出力して、次の処理を行わないようにしています。

後段は、Hyperledger Iroha や PostgreSQL への書き込みなど処理の本体となります。終了後は、Web ブラウザへのレスポンスを作成します。

Chart 5-1-18 web.js ファイルの処理別の流れ（入力データがある場合：HTTP メソッドの POST）

	会員登録	残高確認		チャージ	支払
	Web ブラウザからのリクエスト URL により分岐				
URL	/nyuukai	/zandaka1 or /zandaka2		/charge	/shiharai
行範囲	228〜264	265〜307		308〜330	331〜363
処理概要	keycreate.js FORM タグ取込	FORM タグ取込 iroha01.js 戻り値から残高抽出		FORM タグ取込 秘密鍵読み込み	FORM タグ取込 秘密鍵読み込み
	Web ブラウザへのレスポンス処理（request オブジェクトの処理を呼出し）				
request	nyuukai	zandaka1	zandaka2	charge	shiharai
行範囲	60〜97	98〜112	113〜127	128〜157	158〜190
処理概要	iroha02.js pg_nyuukai.js			iroha03.js pg_shiharai.js	iroha04.js pg_shiharai.js
画面出力	topmenu.html	zandata1.html アカウント／ 残高置換	zandata2.html アカウント／ 残高置換	topmenu.html	topmenu.html

Webサーバ処理（web.js ファイル）の内容

web.js ファイルは、シンプルなコードとするために標準の Node.js 機能だけで構成しています。

ソースの解説は、付録「A.5　各種ソースコード解説」内の「A.5.6　例題「コワーキングスペース日本」のコード解説」をご参照ください。

会員情報登録（pg_nyuukai.js ファイル）の内容

pg_nyuukai.js ファイルには、PostgreSQL の kaiin_info テーブルに会員情報を登録するコードを記述しています。2〜8行目は、パラメータを変数に格納します。11〜15行目は、当日から3年後を計算するコードです。18行目以降が、kaiin_info テーブルに会員情報を登録する処理です。

Chart 5-1-19 会員情報登録（pg_nyuukai.js ファイル）の内容

```
 1  // 会員情報登録
 2  let ACCOUNT_ID = process.argv[2]      // アカウントID
 3  let NAME       = process.argv[3]      // 名前
 4  let KANA       = process.argv[4]      // よみ
 5  let ADDS       = process.argv[5]      // 住所
 6  let TEL        = process.argv[6]      // 電話番号
 7  let BD         = process.argv[7]      // 誕生日
 8  let BLOCK      = process.argv[8]      // ブロック位置
```

```
 9   let ED                                  // 期限
10
11   let dt = new Date()                      // 現在日付
12   const year = dt.getFullYear() + 3        // 3年後
13   const month = dt.getMonth() + 1          // 当月
14   const date = dt.getDate()                // 当日
15   ED = year + '/' + month + '/' + date     // 期限をセット
16
17   // PostgreSQL接続で使用
18   const { Client } = require('pg')
19
20   // PostgreSQL接続情報
21   const client = new Client({
22       user: 'postgres',
23       host: '127.0.0.1',
24       database: 'reidai',
25       password: 'mysecretpassword',
26       port: 5432,
27   })
28
29   // PostgreSQLへ接続
30   client.connect()
31
32   //INSERTクエリの定義
33   const sql = 'INSERT INTO kaiin_info (id,name,kana,addr,tel,bd,ed,block) VALUES
     ($1,$2,$3,$4,$5,$6,$7,$8)'
34
35   // INSERTクエリのパラメータ
36   const values = [ACCOUNT_ID, NAME, KANA, ADDS, TEL, BD, ED, BLOCK]
37
38   // INSERTクエリの実行
39   client.query(sql, values)
40       .then(res => {
41           console.log(res)
42           client.end()
43       })
44       .catch(e => console.error(e.stack))
```

2行目は、起動オプションのアカウント ID を変数 ACCOUNT_ID にセットします。

3行目は、起動オプションの名前を変数 NAME にセットします。

4 行目は、起動オプションのよみを変数 KANA にセットします。

5 行目は、起動オプションの住所を変数 ADDS にセットします。

6 行目は、起動オプションの電話番号を変数 TEL にセットします。

7 行目は、起動オプションの誕生日を変数 BD にセットします。

8 行目は、起動オプションのブロック位置を変数 BLOCK にセットします。

9 行目は、変数 ED を宣言しています。

11 行目は、date オブジェクトを変数 dt にセットします。

12 行目は、現在日時の年に 3 をプラスして定数 year にセットします。

13 行目は、現在日時の月を定数 month にセットします（getMonth は 0 オリジンです）。

14 行目は、現在日時の日を定数 date にセットします。

15 行目は、定数 year と定数 month と定数 date で 3 年後の日付を作成して変数 ED にセットします。

18 行目は、pg モジュールを読み込んでいます。

21 ～ 27 行目は、PostgreSQL への接続ハンドラを定数 client にセットします。

22 ～ 26 行目は、PostgreSQL への接続情報です。some-postgres コンテナを作成した際の内容と同様です。データベースのみ「reidai」となります。

30 行目は、connect メソッドにて PostgreSQL へ接続します。

33 行目は、定数 sql に SQL ステートメント（プリペアドステートメント）をセットします。kaiin_info テーブルに対して、会員情報（id,name,kana,addr,tel,bd,ed,block）を書き込みます。$1 ～ $8 の部分が、実行時に実際の値に置き換わります。

36 行目は、定数 sql の SQL ステートメントに流し込む配列を定数 values にセットします。配列は、変数 ACCOUNT_ID、変数 NAME、変数 KANA、変数 ADDS、変数 TEL、変数 BD、変数 ED、変数 BLOCK の順番です。

39 行目から 44 行目は、query メソッドによって、定数 sql にセットされた SQL ステートメントに定数 values にセットされた配列を流し込んで実行します。

40 ～ 43 行目は、query メソッドの正常時の処理です。

41 行目は、SQL ステートメントの結果をコンソールにセットします。

42 行目は、end メソッドにて PostgreSQL との接続を終了します。

44 行目は、エラーメッセージをエラー出力にセットします。

5

〈《Advice》〉

> プリペアドステートメントとは、SQL ステートメントのパラメータ部分を実行時に値に置き換える機能です。SQL ステートメントの可読性がよく、コード行数も少なくて済みます。

チャージ＆支払情報登録（pg_shiharai.js ファイル）の内容

pg_shiharai.js ファイルには、PostgreSQL の shiharai_info テーブルにチャージ情報または支払情報を登録するコードを記述しています。チャージ処理と支払処理で共通に使用します。

2 〜 9 行目は、パラメータを変数に格納します。12 行目以降が、shiharai_info テーブルにチャージ情報または支払情報を登録する処理です。

Chart 5-1-20 チャージ＆支払情報登録（pg_shiharai.js ファイル）の内容

```
 1  // チャージ＆支払情報登録
 2  let ACCOUNT_ID = process.argv[2]          // アカウントID
 3  let PREPAY     = process.argv[3]          // prepay
 4  let TICKET     = process.argv[4]          // ticket
 5  let TOTAL      = process.argv[5]          // total
 6  let SHISETSU   = process.argv[6]          // 施設
 7  let NINZU      = process.argv[7]          // 人数
 8  let USETIME    = process.argv[8]          // 利用時間
 9  let JOB        = process.argv[9]          // 処理内容(charge/shiharai)
10
11  // PostgreSQL接続で使用
12  const { Client } = require('pg')
13
14  // PostgreSQL接続情報
15  const client = new Client({
16      user: 'postgres',
17      host: '127.0.0.1',
18      database: 'reidai',
19      password: 'mysecretpassword',
20      port: 5432,
21  })
22
23  // PostgreSQLへ接続
24  client.connect()
25
26  // INSERTクエリの定義
27  const sql = 'INSERT INTO shiharai_info (id,prepay,ticket,total,shisetsu,ninzu,use
    time,job) VALUES ($1,$2,$3,$4,$5,$6,$7,$8)'
28
29  //INSERTクエリのパラメータ
30  const values = [ ACCOUNT_ID, PREPAY, TICKET, TOTAL, SHISETSU, NINZU, USETIME, JOB
    ]
31
```

```
32   //INSERTクエリの実行
33   client.query(sql, values)
34     .then(res => {
35       console.log(res)
36       client.end()
37     })
38     .catch(e => console.error(e.stack))
```

pg_shiharai.js ファイルは、pg_nyuukai.js ファイルとほぼ同様のソース構造です。そのため、ソースコードの説明は省略します。

※　　　　　※　　　　　※

　本書の最終章である第 5 章では、Web アプリケーションの取引（トランザクション）を記録する手段に Hyperledger Iroha を活用しました。Hyperledger Iroha は、ビジネス向けのブロックチェーン基盤として高速性と安全性を兼ね備えていることと、シンプルな設計であるため、構築から運用までが、拍子抜けするくらいに容易であることが実感されたことと思います。

　本書では、手軽さを重視して、プログラミング言語に JavaScript（Node.js）を選択しました。Hyperledger Iroha は、JavaScript 以外にもクライアント API ライブラリとして、Java ／ Python ／ Swift が利用可能です。実行環境とニーズに応じて、これらのプログラミング言語を選択いただけます。Hyperledger Iroha は、企業がブロックチェーン技術を活用・吸収するために必要な機能とパフォーマンスを備えています。さらに日本語の公式ドキュメントの存在は、大きなアドバンテージです。インターネット上の Web サイトにもインストール例や活用例が増えてきています。ブロックチェーンの手軽な実験にもってこいです。しかも、透明性が高いオープンソースです。ぜひ、Hyperledger Iroha をあなたのビジネスに役立ててください。

　なお、付録には、よりブロックチェーンらしい複数 Peer 構成構築方法、ブロックが変更されてしまったときの結果など、ディープな情報も掲載しています。そちらもご活用ください。

5

Hyperledger Iroha
活用テクニック

A.1 ブロックチェーンの改ざん検知

Hyperledger Iroha は、起動時にブロックチェーンが正しく揃っているかを検証します。ブロックチェーンに異常がある場合には起動せず、エラーメッセージを出力します。また、起動時にブロックごとのハッシュ値を再計算してターミナルに表示します。ブロックチェーン内部に改ざんがあった場合、前回の起動時とハッシュ値が変化します。各シチュエーションで、シングルPeer 構成の場合にブロックチェーンを改ざんした場合にどのような状況となるか解説します。

A.1.1 ブロックチェーンの欠損

まずは、起動時にブロックチェーンの欠損が見つかった場合の動作を解説します。ここでは、ブロックチェーンから、ブロックファイル 0000000000000019 を削除して異常な状態を再現しました。Docker ホストからブロックストアの内容を確認します。

Terminal A-1-1 ブロックストアの内容（ブロックファイル 0000000000000019 を削除後)

```
 1  ~$ sudo ls /var/lib/docker/volumes/blockstore/_data -l
 2  合計 80
 3  -rw-r--r-- 1 root root 2534  8月 13 13:16 0000000000000001
 4  -rw-r--r-- 1 root root  957  8月 13 14:45 0000000000000002
 ≋  0000000000000003 ～ 0000000000000017 のメッセージは省略
20  -rw-r--r-- 1 root root 1853  8月 16 11:52 0000000000000018
21  -rw-r--r-- 1 root root 1245  8月 21 09:53 0000000000000020
```

このようにブロックチェーンの一部が欠損した状態で、Hyperledger Iroha を起動します。

Terminal A-1-2 ブロックファイル 0000000000000019 が欠損した状態で起動

```
 1  root@969cce25f9e3:/opt/iroha_data# irohad --config config.docker --keypair_name
    node0
 2  [2019-08-26 09:19:02.077179412][I][Init]: Irohad version: 48050fa
 3  [2019-08-26 09:19:02.077290576][I][Init]: config initialized
 4  [2019-08-26 09:19:02.078572680][I][Irohad]: created
 5  [2019-08-26 09:19:02.078782867][I][Irohad/Storage]: Start storage creation
 6  [2019-08-26 09:19:02.079065532][I][Irohad/Storage]: block store created
 7  [2019-08-26 09:19:02.746926862][I][Irohad]: [Init] => storage
 8  [2019-08-26 09:19:05.567349409][I][Irohad/Storage/MutableStorageImpl]: Applying
    block: height 1, hash 8081b5485ae87fbd02b9ec93e724b925cc47acb36f338f064615d2bd69a
    099db
```

```
 9   [2019-08-26 09:19:05.621243014][I][Irohad/Storage/MutableStorageImpl]: Applying
     block: height 2, hash 1ee4ea6242032f4845d1266e95fee4b37cfe912373636cd0fe00f409f1d
     c1ba8
 ≋  ブロック3~17までのメッセージ省略
25   [2019-08-26 09:19:05.790393182][I][Irohad/Storage/MutableStorageImpl]: Applying
     block: height 18, hash 01a40bc7d3a9d04d4a5eb1f4d0b96274c7cdf9928499aad4f1200cae9a
     20d613
26   [2019-08-26 09:19:05.800078915][I][Irohad/Storage]: get(19) file not found
27   [2019-08-26 09:19:05.801592192][C][Init]: Irohad startup failed: Failed to
     retrieve block with height 19
28   root@969cce25f9e3:/opt/iroha_data#
```

Hyperledger Iroha は、ブロックファイル 0000000000000019 が存在しないため、起動せずメッセージを出力するだけです。このようにブロックの一部がなくなっただけでも、起動時に検知されます。

削除したブロックを元に戻せば、通常どおり起動します。

なお、複数 Peer 構成で運用中は、自動的に他の Peer から不足したブロックを読み込みます。

A.1.2 ブロックチェーンの改ざん①（トランザクションの作成者変更）

次に、トランザクションの作成者を変更した場合の動作を解説します。ここではブロックファイル 0000000000000019 の内容を改ざんし、トランザクションの作成者アカウントに 3 文字追加します。

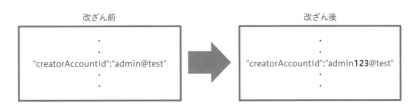

```
  改ざん前                                        改ざん後
  ・                                              ・
  ・                                              ・
  ・                                              ・
  "creatorAccountId":"admin@test"                "creatorAccountId":"admin123@test"
  ・                                              ・
  ・                                              ・
  ・                                              ・
```

Chart A-1-1　ブロックファイル 0000000000000019 の改ざん内容

この状態で、Hyperledger Iroha を起動します。

Terminal A-1-3　ブロックファイル 0000000000000019 を改ざんして起動

```
 1   root@969cce25f9e3:/opt/iroha_data# irohad --config config.docker --keypair_name
     node0
 2   [2019-08-26 09:27:28.620460578][I][Init]: Irohad version: 48050fa
 3   [2019-08-26 09:27:28.620555261][I][Init]: config initialized
 4   [2019-08-26 09:27:28.621631065][I][Irohad]: created
```

```
 5   [2019-08-26 09:27:28.621739459][I][Irohad/Storage]: Start storage creation
 6   [2019-08-26 09:27:28.622075175][I][Irohad/Storage]: block store created
 7   [2019-08-26 09:27:29.267364046][I][Irohad]: [Init] => storage
 8   [2019-08-26 09:27:32.202076216][I][Irohad/Storage/MutableStorageImpl]: Applying
     block: height 1, hash 8081b5485ae87fbd02b9ec93e724b925cc47acb36f338f064615d2bd69a
     099db
 9   [2019-08-26 09:27:32.253133600][I][Irohad/Storage/MutableStorageImpl]: Applying
     block: height 2, hash 1ee4ea6242032f4845d1266e95fee4b37cfe912373636cd0fe00f409f1d
     c1ba8
≋    ブロック3〜17までのメッセージは省略
25   [2019-08-26 09:27:32.420495851][I][Irohad/Storage/MutableStorageImpl]: Applying
     block: height 18, hash 01a40bc7d3a9d04d4a5eb1f4d0b96274c7cdf9928499aad4f1200cae9a
     20d613
26   [2019-08-26 09:27:32.430563615][I][Irohad/Storage/MutableStorageImpl]: Applying
     block: height 19, hash f42922709ab5b3866b6311317de6ba5add8eb8b2b4c517017c6b6a2955
     31ebdf
27   [2019-08-26 09:27:32.432890625][E][Irohad/Storage/MutableStorageImpl]:
     AddAssetQuantity: 1 with extra info 'Query arguments: [account_id=admin123@test,
     asset_id=ticket#nihon, amount=1, precision=0, ]'
28   Segmentation fault (core dumped)
```

ブロックファイル0000000000000019にて、内容に異常があるためメッセージを出力して起動しません。このようにトランザクションの作成者を改ざんしても起動時に検知されます。

トランザクション作成者を元に戻せば、通常どおり起動します。

🔗 A.1.3 ブロックチェーンの改ざん② （処理内容）

ブロックファイルの処理内容（値）を変更した場合は、上記とは異なり、Hyperledger Irohaは起動します。しかし、起動時に各ブロックファイルのハッシュ値を算出して表示します。このハッシュ値をチェックすることで、改ざんが行われたことを検出できます。

Terminal A-1-4 ブロックファイル0000000000000020を改ざんする前の起動時メッセージ

```
 1   Applying block: height 19, hash e0a909e0df7866749e2419b33f1a3cb528fdcf569bed93e8a
     b477421c95e681e
 2   Applying block: height 20, hash 7360871b34db46010c3b25d77416b21c5db04e18016c303fb
     78bc92d69f332c0
 3   Applying block: height 21, hash a5085369d217465b52b761e8556874b50846e26e966ac2256
     be434e00ad9e5f8
```

ブロックファイル 0000000000000020 は、addAssetQuantity による加算処理を行っています。addAssetQuantity の加算値を「1」から「88888」に変更します。

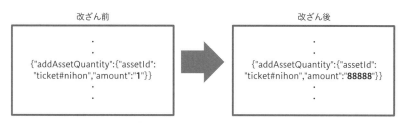

改ざん前

{"addAssetQuantity":{"assetId": "ticket#nihon","amount":"**1**"}}

改ざん後

{"addAssetQuantity":{"assetId": "ticket#nihon","amount":"**88888**"}}

Chart A-1-2 ブロックファイル 0000000000000020 の改ざん内容

この状態で、Hyperledger Iroha を起動します。

Terminal A-1-5 ブロックファイル 0000000000000020 を改ざん後の起動時メッセージ

```
1  Applying block: height 19, hash e0a909e0df7866749e2419b33f1a3cb528fdcf569bed93e8a
   b477421c95e681e
2  Applying block: height 20, hash c56a037a735466cd921d41a6d69cc5a4e1e669bccd4e555f8
   0d38beaeafa8003
3  Applying block: height 21, hash a5085369d217465b52b761e8556874b50846e26e966ac2256
   be434e00ad9e5f8
```

前回の起動時から、改ざんを行ったブロックファイル 0000000000000020 のハッシュ値が変化しています。他のブロックファイルは、ハッシュ値が変化していません。このようにブロックのハッシュ値を比較することで、改ざんを検出することが可能です。

改ざんしたブロックの内容を元に戻せば、起動時のハッシュ値も元に戻ります。

§A.2 Ubuntu のインストール手順

第 2 章では、VirtualBox に新しい仮想 PC を作成して Ubuntu のインストールイメージを指定するまでを解説しました。ここでは、Ubuntu のインストールの流れを解説します。

VirtualBox で、仮想 PC を作成して OS をインストールする場合、失敗しても仮想 PC を削除してやり直すことができます。その点では、気楽にトライしてください。

なお、Ubuntu のバージョンによって、画面が異なる場合があります。

§A.2.1 Ubuntu のインストール概要

Ubuntu のインストールは、次の手順で行います。新規インストールの場合、手順が分岐することはありません。

① ようこそ（言語の選択）
② キーボードレイアウト
③ アップデートと他のソフトウエア
④ インストールの種類
⑤ ディスクに変更を書き込みますか？
⑥ どこに住んでいますか？（ロケーション）
⑦ あなたの情報を入力してください
⑧ インストール処理中画面
⑨ インストールが完了しました（再起動）
⑩ インストールメディアの取外し
⑪ ログイン
⑫ デスクトップ

ほとんどが、ウィザードに沿って選択肢を選ぶだけです。Ubuntu インストーラの起動から各画面を解説します。

①ようこそ（言語の選択）

Ubuntu インストーラーが起動すると、言語の選択画面が表示されます。

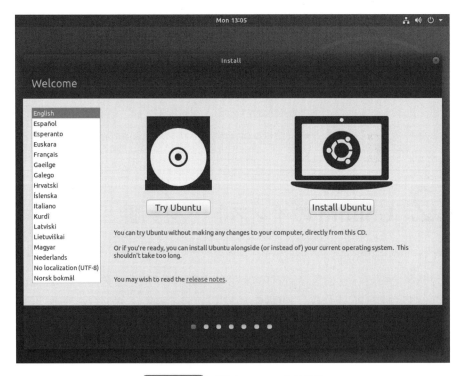

Chart A-2-1 Welcome －ようこそ

デフォルト（表示された時点）は英語ですので、左側の一覧表を下方向にスクロールして［日本語］を選択します。

ようこそ（[日本語]を選択）

[Ubuntuをインストール] ボタンをクリックします。

②キーボードレイアウト

キーボードのレイアウトを選択する画面が表示されます。

Chart A-2-3 キーボードレイアウト

デフォルトで、左側は [日本語]、右側も [日本語] が選ばれています。そのまま [続ける] ボタンをクリックします。

A

③アップデートと他のソフトウエア

インストールするソフトウエアとアップデートするかを選択する画面になります。

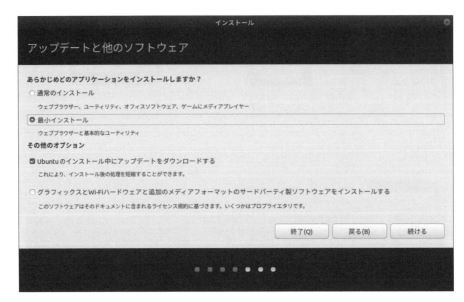

Chart A-2-4 アップデートと他のソフトウエア

Hyperledger Iroha をインストールする場合は、最小限のソフトウエアで十分です。インストール時間を短縮するため、[最小インストール] ラジオボタンを選択します。

急いでいる場合とインターネットに接続されていない場合には、[Ubuntu ソフトウエアのインストール中にアップデートをダウンロードする] のチェックを外します。[続ける] ボタンをクリックします。

④インストールの種類

インストール先を選択する画面が表示されます。

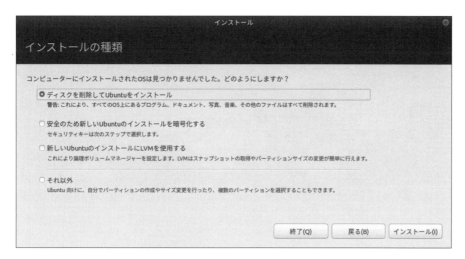

Chart A-2-5 インストールの種類

デフォルトで、[ディスクを削除して Ubuntu をインストール] ラジオボタンが選ばれています。そのまま [インストール (I)] ボタンをクリックします。

⑤ディスクに変更を書き込みますか?

ハードディスクへの書き込みを確認する警告ウィンドウが開きます。

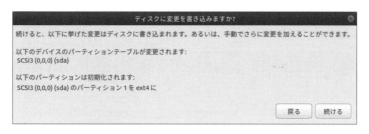

Chart A-2-6 ディスクに変更を書き込みますか?

新規インストールですので、[続ける] ボタンをクリックします。

⑥どこに住んでいますか?（ロケーション）

ロケーション（時差、日付表示など）を選択する画面が表示されます。

Chart A-2-7 どこに住んでいますか？（ロケーション）

デフォルトで、［Tokyo］が選択されています。そのまま［続ける］ボタンをクリックします。

⑦あなたの情報を入力してください

最初のユーザー ID を入力する画面が表示されます。

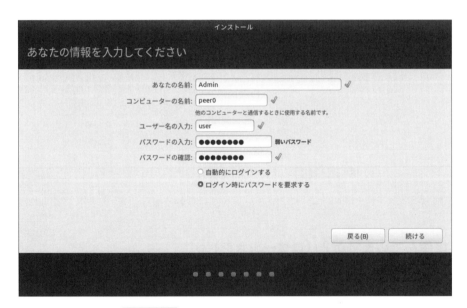

Chart A-2-8 あなたの情報を入力してください

- あなたの名前：テキストボックスに名前（表示上）を入力します。右側にチェックのマークが表示されれば問題ありません。サンプル画面では、「Admin」と入力しています。
- コンピューターの名前：テキストボックスに PC のホスト名（ネットワーク上の名前）を入力します。右側にチェックのマークが表示されれば問題ありません。サンプル画面では、「peer0」と入力しています。
- ユーザー名の入力：テキストボックスにユーザー ID を入力します。サンプル画面では、「user」と入力しています。

- パスワードの入力：テキストボックスにパスワードを入力します。右側にパスワードの安全性が文字で表示されます。
- パスワードの確認：テキストボックスにパスワードを再入力します。右側にチェックのマークが表示されれば、パスワードに問題ありません。

各テキストボックスに入力した内容に問題がなければ、［続ける］ボタンをクリックします。

⑧インストール処理中画面

ここから先は、これまで設定した内容を元に自動的にインストールを行います。画面上には、各種の案内画面が表示されます。

⑨インストールが完了しました（再起動）

インストールが完了すると再起動を促すウィンドウが表示されます。

［今すぐ再起動する］ボタンをクリックします。

⑩インストールメディアの取外し

インストールメディアの取り外しを促すメッセージが表示されます。

Enter キーを押します。

⑪ログイン

再起動が終了するとログイン画面が表示されます。

⑫デスクトップ

ログインに成功するとデスクトップが表示されます。

これで、Ubuntu のインストールは終了です。

§A.3 複数 Peer 構成の構築

ブロックチェーンは、基本的な機能としてネットワーク上に多数のノード（Hyperledger Iroha では Peer）が存在する環境で運用します。Hyperledger Iroha も複数 Peer 構成で運用する前提です。複数の Peer が存在することによって、ブロックチェーンが分散されるので、障害や改ざんの影響を受けない強固な構成となります。

例えば、3 つの拠点で活動している企業では、相互に製品の移動などを管理する必要があります。製品の移動を 3 つの拠点ごとにブロックチェーンで管理することによって、いずれの拠点で障害が発生しても残りの拠点にブロックチェーンが存在するので安心です。

A

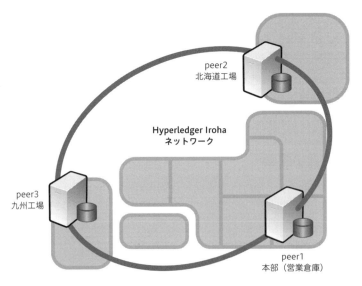

Chart A-3-1　3Peer 構成の Hyperledger Iroha ネットワーク

　本文では、手軽に構築できるように 1 組の Peer のみで構成した環境をベースに解説しました。もちろん、Hyperledger Iroha は、複数 Peer 構成で運用することが本来の姿です。構成台数が増えるので複雑に思えますが、設定ポイントは少なく容易に構築が可能です。

A.3.1 構築する複数 Peer 構成の概要

　評価用の複数 Peer 構成を構築する例として、Docker ホスト内に 3 組の Peer で構成された Hyperledger Iroha の構築手順を解説します。

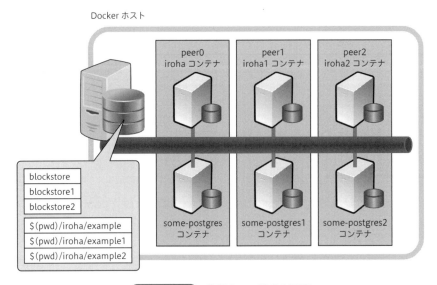

Chart A-3-2　複数 Peer 構成の概要

　1 つのネットワークにすべてのコンテナを接続します。ネットワーク上の識別は、コンテナ名で行えます。

🔹 A.3.2 複数 Peer 構成の構築手順

Docker インストール直後からスタートするので、peer が存在しない状態から 3peer 構成を作成します。

Ubuntu に Docker が導入されているだけの状態（Hyperledger Iroha 未導入。本書の「2.2.3 Docker のインストール」終了の状態です）から複数 Peer 構成の構築手順を解説します。

まず、Hyperledger Iroha の github をホームディレクトリにダウンロードします。

```
cd ~/
sudo apt install git
sudo git clone -b master https://github.com/hyperledger/iroha --depth=1
```

ホームディレクトリに iroha ディレクトリが作成されます。内部の example ディレクトリに移動して、peer1 用（node1）と peer2 用（node2）のキーファイルを作成します。下記のハッシュは例です。

```
cd ~/iroha/example
sudo sh -c echo "8b3a90abfd18b8e6ffef30cbdac4ef68bfbce191ca5799ca70f14f46ae94fdf1 >
node1.priv"
sudo sh -c echo "42b86a5b5eef5146ae9fc4191ece5cfb23c650be2b291200e6dc4fe34aa5638e >
node1.pub"
sudo sh -c echo "19b42196c71c8a02cc4c708c505b62f7ac138062634f63bc7fdac4c2bcd54c6a >
node2.priv"
sudo sh -c echo "3b3f83ca158a4ca2aaf6e6bfedc976ead0753f4ce466f78504f3509d121ffe8a >
node2.pub"
```

iroha ディレクトリに戻り、example ディレクトリをコピーして、example1 と example2 を作成します。

```
cd ~/iroha
sudo cp example/ example1/ -r
sudo cp example/ example2/ -r
```

ホームディレクトリに戻り、ネットワーク「iroha-network」とボリューム「blockstore」「blockstore1」「blockstore2」を作成します。

```
cd ~/
sudo docker network create iroha-network
```

```
sudo docker volume create blockstore
sudo docker volume create blockstore1
sudo docker volume create blockstore2
```

PostgreSQL コンテナ「some-postgres」「some-postgres1」「some-postgres2」を作成します。

- some-postgres コンテナの作成

```
sudo docker run --name some-postgres \
 -e POSTGRES_USER=postgres \
 -e POSTGRES_PASSWORD=mysecretpassword \
 -p 15432:5432 \
 --network=iroha-network \
 -d postgres:9.5
```

- some-postgres1 コンテナの作成

```
sudo docker run --name some-postgres1 \
 -e POSTGRES_USER=postgres \
 -e POSTGRES_PASSWORD=mysecretpassword \
 -p 25432:5432 \
 --network=iroha-network \
 -d postgres:9.5
```

- some-postgres2 コンテナの作成

```
sudo docker run --name some-postgres2 \
 -e POSTGRES_USER=postgres \
 -e POSTGRES_PASSWORD=mysecretpassword \
 -p 35432:5432 \
 --network=iroha-network \
 -d postgres:9.5
```

Hyperledger iroha コンテナ「iroha」「iroha1」「iroha2」を作成します。

- iroha コンテナの作成

```
sudo docker run -it --name iroha \
 -p 51051:50051 \
 -v $(pwd)/iroha/example:/opt/iroha_data \
 -v blockstore:/tmp/block_store \
```

```
--network=iroha-network \
--entrypoint=/bin/bash \
hyperledger/iroha:latest
```

- iroha1 コンテナの作成

```
sudo docker run -it --name iroha1 \
-p 52051:50051 \
-v $(pwd)/iroha/example1:/opt/iroha_data \
-v blockstore1:/tmp/block_store \
--network=iroha-network \
--entrypoint=/bin/bash \
hyperledger/iroha:latest
```

- iroha2 コンテナの作成

```
sudo docker run -it --name iroha2 \
-p 53051:50051 \
-v $(pwd)/iroha/example2:/opt/iroha_data \
-v blockstore2:/tmp/block_store \
--network=iroha-network \
--entrypoint=/bin/bash \
hyperledger/iroha:latest
```

A.3.3 複数 Peer 構成の設定ファイル変更

次に、各 Peer の設定ファイルを変更します。変更するのは、genesis.block ファイルおよび config.docker ファイルです。

Chart A-3-3 genesis.block ファイルおよび config.docker ファイルの変更概要

	peer0	peer1	peer2
使用コンテナ	iroha	iroha1	iroha2
	some-postgres	some-postgres1	some-postgres2
genesis.block ファイル ＊内容は同一	127.0.0.1 から iroha に変更 iroha1 と iroha2 を追加		
config.docker ファイル	変更なし	接続先を some-postgres1 に変更	接続先を some-postgres2 に変更

genesis.block ファイルは、peer0 から peer2 まで同一の内容となります。次の表のように変更します。

A

Chart A-3-4 genesis.block ファイルの変更内容

変更前
9 ～ 16 行目
	``json
	{
	  "addPeer":{
	    "peer":{
	      "address":"127.0.0.1:10001",
	      "peerKey":"bddd58404d1315e0eb27902c5d7c8eb060
	2c16238f005773df406bc191308929"
	    }
	  }
	},
	``

変更後
9 ～ 32 行目
	``json
	{
	  "addPeer":{
	    "peer":{
	      "address":"iroha:10001",
	      "peerKey":"bddd58404d1315e0eb27902c5d7c8eb060
	2c16238f005773df406bc191308929"
	    }
	  }
	},
	{
	  "addPeer":{
	    "peer":{
	      "address":"iroha1:10001",
	      "peerKey":"42b86a5b5eef5146ae9fc4191ece5cfb23c650be2b29
	1200e6dc4fe34aa5638e"
	    }
	  }
	},
	{
	  "addPeer":{
	    "peer":{
	      "address":"iroha2:10001",
	      "peerKey":"3b3f83ca158a4ca2aaf6e6bfedc976ead0753f4ce466
	f78504f3509d121ffe8a"
	    }
	  }
	},
	``

　12 行目については、「127.0.0.1」から「iroha」に変更します。さらに同様の形式で、17 ～ 32
行目で「iroha1」と「iroha2」を追加します。

peer0 の config.docker ファイルは、変更の必要はありません。peer0 の設定ファイルは、~/iroha/example/ ディレクトリに格納されています。

peer1 の設定ファイルは、~/iroha/example1/ ディレクトリに格納されています。genesis.block ファイルは、peer0 と同様の内容に変更します。peer1 の config.docker は、5行目の「some-postgres」を「some-postgres1」に変更します。

Chart A-3-5 config.docker ファイルの修正内容（peer1）

	5行目（変更箇所を太字にしています）
変更前	"pg_opt" : "host=**some-postgres** port=5432 user=postgres password=mysecretpassword",
変更後	"pg_opt" : "host=**some-postgres1** port=5432 user=postgres password=mysecretpassword",

peer2 の設定ファイルは、~/iroha/example2/ ディレクトリに格納されています。genesis.block ファイルは、peer0 と同様の内容に変更します。peer2 の config.docker は、5行目の「some-postgres」を「some-postgres2」に変更します。

Chart A-3-6 config.docker ファイルの修正内容（peer2）

	5行目（変更箇所を太字にしています）
変更前	"pg_opt" : "host=**some-postgres** port=5432 user=postgres password=mysecretpassword",
変更後	"pg_opt" : "host=**some-postgres2** port=5432 user=postgres password=mysecretpassword",

A.3.4 複数 Peer 構成の起動手順

起動手順は、以下のとおりです。なお、出力メッセージは省略しています。ここでの注意点は、各コンテナの irohad 起動パラメータで、指定するキーペア名が異なることです（以下は太字で表記）。指定されたキーペア名で、それぞれ自機を認識することに、十分注意してください。

まず、Docker ホストで、各コンテナを起動します。

```
sudo docker start some-postgres some-postgres1 some-postgres2
sudo docker start iroha iroha1 iroha2
```

続いて、iroha コンテナの irohad プロセスを起動します。

```
sudo docker exec -it iroha /bin/bash
irohad --config config.docker --genesis_block genesis.block --keypair_name node0
```

次に、別のターミナルを開いて、iroha1 コンテナの irohad プロセスを起動します。

```
sudo docker exec -it iroha1 /bin/bash
irohad --config config.docker --genesis_block genesis.block --keypair_name node1
```

最後に、さらに別のターミナルを開いて、iroha2 コンテナの irohad プロセスを起動します。

```
sudo docker exec -it iroha2 /bin/bash
irohad --config config.docker --genesis_block genesis.block --keypair_name node2
```

❖ A.3.5 複数 Peer 構成の動作確認

複数 Peer 構成の場合、Irohad 起動時に、認識されている Peer 名を表示します。そのメッセージで、複数構成で起動していることがわかります。

Terminal A-3-1 起動後のメッセージ（iroha1 コンテナ）

```
33  [2019-08-27 08:09:04.419474109][I][Init]: Running iroha
34  [2019-08-27 08:09:04.421983552][I][Irohad]: Torii server bound on port 50051
35  [2019-08-27 08:09:04.422512730][I][Irohad]: Internal server bound on port 10001
36  [2019-08-27 08:09:04.422554874][I][Irohad]: ===> iroha initialized
37  [2019-08-27 08:09:04.432425859][I][Irohad/Ordering/Service]:
    onCollaborationOutcome => Round: [block=4, reject=0, ]
38  [2019-08-27 08:09:04.435036156][I][Irohad/Consensus/HashGate]: Order for voting:
    {iroha1:10001, iroha2:10001, iroha:10001}
```

irohad 起動メッセージの 33 行目ぐらいで「Running iroha」と「iroha initialized」が表示されます。その直後のメッセージを確認ください。

「Order for voting: {iroha1:10001, iroha2:10001, iroha:10001}」が、3 台 Peer 構成で動作しているメッセージです。Hyperledger Iroha を構成している Peer 名（ネットワーク名と Port 番号）を表示します。

また、起動後に定期的に出力する以下メッセージで、最後に「[1/3]」と表示されています。これは、3 台構成中の 1 台目投票を受け付けたメッセージです。単体構成では、「[1/1]」となります。こちらのメッセージでも構成台数が判別できます。

Terminal A-3-2 稼働中のメッセージ

```
1  [2019-08-27 08:09:04.474806099][I][Irohad/Consensus/VoteStorage/ProposalStorage/
   BlockStorage]: Vote with round Round: [block=4, reject=0, ] and hashes (, )
   inserted, votes in storage [1/3]
```

A.3.6 複数 Peer 構成で同期しない場合の対処

一部またはすべての Peer のログ出力が止まってしまう場合は、Peer 同士が同期できない状況となっています。その場合には、次の手順で、一旦すべての Peer を停止して、初期化して再起動します（出力メッセージは省略しています）。Peer の初期化は、irohad コマンドに「--overwrite_ledger」を追加します。

まず、開いている 3 つのターミナルそれぞれで、キーボードから Ctrl + C キーを押します。これにより、すべての Peer が停止されます（起動している irohad プロセスが停止します）。

続いて、すべての Peer を初期化して再起動します。以下のように、--overwrite_ledger オプションを付けて起動すると初期化されます。

以下では、iroha コンテナ、iroha1 コンテナ、iroha2 コンテナの順で再起動しています。

```
irohad --config config.docker --genesis_block genesis.block --keypair_name node0
--overwrite_ledger
```

```
irohad --config config.docker --genesis_block genesis.block --keypair_name node1
--overwrite_ledger
```

```
irohad --config config.docker --genesis_block genesis.block --keypair_name node2
--overwrite_ledger
```

同期の確認については、「A.3.5　複数 Peer 構成の動作確認」で説明したメッセージ出力を確認してください。

A.3.7 複数 Peer 構成のブロックチェーンの同期確認

複数 Peer 構成では、すべての Peer が同一のブロックチェーンを格納しています。1 つの Peer で実施したトランザクションは、Peer 同士のコンセンサスによって検証され問題がなければ全 Peer で保存されます。

本書で構築した複数 Peer 構成で、同一のブロックチェーンが格納されていることを確認してみましょう。iroha コンテナの Peer に対して、2 つのトランザクションを実施します。さらにトランザクションの内容を確認します。なお、以下の手順は、すべての Peer が正常に稼働している状態で実施します（プロンプトは省略）。

Terminal A-3-3　irohaコンテナのPeerに対して2つのトランザクションを実施およびトランザクションの確認

```
1   sudo docker exec -it iroha /bin/bash ───────────── iroha コンテナに接続
2   iroha-cli -account_name admin@test ───────────── admin@test アカウントで起動

5   1. New transaction (tx) ───────────── 以下、トランザクション 1 の手順
```

```
 8   > : 1

⟨⟨⟨

25   16. Add Asset Quantity (add_ast_qty)

⟨⟨⟨

27   > : 16
28   Asset Id: coin#test
29   Amount to add, e.g 123.456: 333.22

⟨⟨⟨

32   2. Send to Iroha peer (send)

⟨⟨⟨

35   > : 2
36   Peer address (0.0.0.0): ──────────────────── そのまま Enter キーを押す
37   Peer port (50051): ──────────────────── そのまま Enter キーを押す
38   [2019-12-16  Transaction successfully sent
39   Congratulation, your transaction was accepted for processing.
40   Its hash is fb74f5b9125317fc17be119b583b224891513332e1a3ff13c1fea6f0163ded91

⟨⟨⟨

43   1. New transaction (tx) ──────────────────── 以下、トランザクション 2 の手順

⟨⟨⟨

46   > : 1

⟨⟨⟨

52   5. Transfer Assets (tran_ast)

⟨⟨⟨

65   > : 5
66   SrcAccount Id: admin@test
67   DestAccount Id: test@test
68   Asset Id: coin#test
69   Amount to transfer, e.g 123.456: 111.11

⟨⟨⟨

72   2. Send to Iroha peer (send)

⟨⟨⟨

75   > : 2
76   Peer address (0.0.0.0): ──────────────────── そのまま Enter キーを押す
77   Peer port (50051): ──────────────────── そのまま Enter キーを押す
78   Transaction successfully sent
79   Congratulation, your transaction was accepted for processing.
80   Its hash is 776c19c46e081f05c5b385c5a8b0dcb26c3b8d894ed2b7c10500cd90f22275f1

⟨⟨⟨

84   2. New query (qry) ──────────────────── 以下、トランザクションの内容確認

⟨⟨⟨

86   > : 2
```

```
 89   2. Get Transactions by transactions' hashes (get_tx)

 98   > : 2
 99   Requested tx hashes: fb74f5b9125317fc17be119b583b224891513332e1a3ff13c1fea6f0163d
      ed91

101   1. Send to Iroha peer (send)

104   > : 1
105   Peer address (0.0.0.0): ─────────────────────────────── そのまま Enter キーを押す
106   Peer port (50051): ──────────────────────────────────── そのまま Enter キーを押す
107   [Transaction]
108   -Hash- fb74f5b9125317fc17be119b583b224891513332e1a3ff13c1fea6f0163ded91
109   -Creator Id- admin@test
110   -Created Time- 1576489813315
111   -Commands- 1
112   AddAssetQuantity: [asset_id=coin#test, amount=Amount: [value=333.22, ], ]

116   2. New query (qry)

118   > : 2

121   2. Get Transactions by transactions' hashes (get_tx)

130   > : 2
131   Requested tx hashes (fb74f5b9125317fc17be119b583b224891513332e1a3ff13c1fea6f0163d
      ed91): 776c19c46e081f05c5b385c5a8b0dcb26c3b8d894ed2b7c10500cd90f22275f1

133   1. Send to Iroha peer (send)

136   > : 1
137   Peer address (0.0.0.0): ─────────────────────────────── そのまま Enter キーを押す
138   Peer port (50051): ──────────────────────────────────── そのまま Enter キーを押す
139   [Transaction]
140   -Hash- 776c19c46e081f05c5b385c5a8b0dcb26c3b8d894ed2b7c10500cd90f22275f1
141   -Creator Id- admin@test
142   -Created Time- 1576489876768
143   -Commands- 1
144   TransferAsset: [src_account_id=admin@test, dest_account_id=test@test, asset_
      id=coin#test, description=, amount=Amount: [value=111.11, ], ]
```

A

トランザクションの内容確認では、それぞれトランザクションのハッシュ値を指定します。
112行目にトランザクション1で実施した加算処理の内容が表示されました。また、144行目に
トランザクション2で実施した転送処理の内容が表示されました。

次にiroha1コンテナに接続して、iroha-cliコマンドを使用してトランザクションの内容を確
認します。irohaコンテナと同一のトランザクションの存在が確認できます（プロンプトは省略）。

Terminal A-3-4 iroha1 コンテナにてトランザクションを確認

```
 1  sudo docker exec -it iroha1 /bin/bash ──────────────── iroha1 コンテナに接続
 2  iroha-cli -account_name admin@test ──────────── admin@test アカウントで起動

 6  2. New query (qry)

 8  > : 2

11  2. Get Transactions by transactions' hashes (get_tx)

20  > : 2
21  Requested tx hashes: fb74f5b9125317fc17be119b583b224891513332e1a3ff13c1fea6f0163d
    ed91

23  1. Send to Iroha peer (send)

26  > : 1
27  Peer address (0.0.0.0): ──────────────────────── そのまま Enter キーを押す
28  Peer port (50051): ──────────────────────────── そのまま Enter キーを押す
29  [Transaction]
30  -Hash- fb74f5b9125317fc17be119b583b224891513332e1a3ff13c1fea6f0163ded91
31  -Creator Id- admin@test
32  -Created Time- 1576489813315
33  -Commands- 1
34  AddAssetQuantity: [asset_id=coin#test, amount=Amount: [value=333.22, ], ]

38  2. New query (qry)

40  > : 2

43  2. Get Transactions by transactions' hashes (get_tx)

52  > : 2
```

```
53   Requested tx hashes (fb74f5b9125317fc17be119b583b224891513332e1a3ff13c1fea6f0163d
     ed91): 776c19c46e081f05c5b385c5a8b0dcb26c3b8d894ed2b7c10500cd90f22275f1
~~
55   1. Send to Iroha peer (send)
~~
58   > : 1
59   Peer address (0.0.0.0): ─────────────────────────────────── そのまま Enter キーを押す
60   Peer port (50051): ─────────────────────────────────────── そのまま Enter キーを押す
61   [Transaction]
62   -Hash- 776c19c46e081f05c5b385c5a8b0dcb26c3b8d894ed2b7c10500cd90f22275f1
63   -Creator Id- admin@test
64   -Created Time- 1576489876768
65   -Commands- 1
66   TransferAsset: [src_account_id=admin@test, dest_account_id=test@test, asset_
     id=coin#test, description=, amount=Amount: [value=111.11, ], ]
```

　同一のブロックチェーンですので、トランザクションのハッシュ値も iroha コンテナで表示された値を入力します。34 行目にトランザクション 1 で実施した加算処理の内容が表示されました。また、66 行目にトランザクション 2 で実施した転送処理の内容が表示されました。いずれも iroha コンテナで確認した内容と一致します。

　さらに iroha2 コンテナに接続して、iroha-cli コマンドを使用してトランザクションの内容を確認します。こちらにも iroha コンテナおよび iroha1 コンテナと同一のトランザクションが存在しています（以下はプロンプトを省略）。

Terminal A-3-5　iroha2 コンテナにてトランザクションを確認

```
 1   sudo docker exec -it iroha2 /bin/bash ─────────────────────── iroha2 コンテナに接続
 2   iroha-cli -account_name admin@test ─────────────────── admin@test アカウントで起動
~~
 6   2. New query (qry)
~~
 8   > : 2
~~
11   2. Get Transactions by transactions' hashes (get_tx)
~~
20   > : 2
21   Requested tx hashes: fb74f5b9125317fc17be119b583b224891513332e1a3ff13c1fea6f0163d
     ed91
~~
23   1. Send to Iroha peer (send)
```

```
 26    > : 1
 27    Peer address (0.0.0.0): ─────────────────────── ┤そのまま Enter キーを押す┤
 28    Peer port (50051): ──────────────────────────── ┤そのまま Enter キーを押す┤
 29    [Transaction]
 30    -Hash- fb74f5b9125317fc17be119b583b224891513332e1a3ff13c1fea6f0163ded91
 31    -Creator Id- admin@test
 32    -Created Time- 1576489813315
 33    -Commands- 1
 34    AddAssetQuantity: [asset_id=coin#test, amount=Amount: [value=333.22, ], ]
 ≋
 38    2. New query (qry)
 ≋
 40    > : 2
 ≋
 43    2. Get Transactions by transactions' hashes (get_tx)
 ≋
 52    > : 2
 53    Requested tx hashes (fb74f5b9125317fc17be119b583b224891513332e1a3ff13c1fea6f0163d
       ed91): 776c19c46e081f05c5b385c5a8b0dcb26c3b8d894ed2b7c10500cd90f22275f1
 ≋
 55    1. Send to Iroha peer (send)
 ≋
 58    > : 1
 59    Peer address (0.0.0.0): ─────────────────────── ┤そのまま Enter キーを押す┤
 60    Peer port (50051): ──────────────────────────── ┤そのまま Enter キーを押す┤
 61    [Transaction]
 62    -Hash- 776c19c46e081f05c5b385c5a8b0dcb26c3b8d894ed2b7c10500cd90f22275f1
 63    -Creator Id- admin@test
 64    -Created Time- 1576489876768
 65    -Commands- 1
 66    TransferAsset: [src_account_id=admin@test, dest_account_id=test@test, asset_
       id=coin#test, description=, amount=Amount: [value=111.11, ], ]
```

やはり、34 行目にトランザクション 1 で実施した加算処理の内容が表示されました。また、66 行目にトランザクション 2 で実施した転送処理の内容が表示されました。いずれも iroha コンテナおよび iroha1 コンテナで確認した内容と一致します。

複数 Peer 構成では、1 つの Peer に送信されたトランザクションに対して、コンセンサスが行われ、問題がなければ各 Peer のブロックチェーンに新しいブロックとして書き込まれます。そのため、Iroha ネットワーク内の全 Peer が同一のブロックチェーンを格納しています。

❖ A.3.8 複数 Peer 構成の停止手順

単体 Peer 構成も複数 Peer 構成も停止手順に違いはありません。これまでどおり、各 irohad を起動したターミナルすべてで、キーボードから Ctrl + C キーを押して irohad を停止後に次のようにして各コンテナを停止します。

```
sudo docker stop iroha iroha1 iroha2
sudo docker stop some-postgres some-postgres1 some-postgres2
```

❖ A.4 Hyperledger Iroha のバージョンについて

Hyperledger Iroha プロジェクトは、開発や改良が継続しています。そのため、iroha コンテナを作成する時期によってバージョンが変わることがあります。

執筆中も「hyperledger/iroha:lates」とした際に Ver1.0.0 から Ver1.0.1 に変化しました。さらに明示的に指定することで、Ver1.1.0 や 1.1.1 が作成可能になりました。また、開発バージョンとして、b953c83 や 48050fa なども見られました。

❖ A.4.1 互換性の維持

開発が活発なプロジェクトほど頻繁にバージョンが変化します。一般的にバージョンが変化しても互換性（コンパチブル）を保った形で機能追加や改良が行われます。

実際に、Ver1.0.0 から Ver1.1.0 まで、機能や動作に違いはありません。

❖ A.4.2 Ver1.1.0 の変化

Ver1.1.0 に関して、機能面ではコンパチブルを保っています。しかし、内部的には、大きな変化がありました。Ver1.0.0 から Ver1.0.1 までは、World State View を格納するデータベース名は「postgres」でした。Ver1.1.0 からは、データベース名が「iroha_default」に変更になりました。

本書では、随所に World State View へ直接アクセスする箇所があるため、データベース名の指定が「postgres」なのか「iroha_default」を意識する必要がありました。

しかし、Hyperledger Iroha を iroha-cli コマンドや Hyperledger Iroha API を使用するだけなら、World State View を格納しているデータベース名を考慮する必要はありません。

❖ A.4.3 異なるバージョンが混在する Hyperledger Iroha ネットワーク

ブロックファイルには、バージョンの違いはありません。つまり、それぞれの Peer のバージョンに依存しないで永続性があります。

A

メンテナンスなどで、Hyperledger Iroha ネットワーク内の Peer 同士で異なるバージョンが混在しても動作に問題ありません。例えば、付録 A.3 で解説した複数の Peer 構成において、Ver1.0.1 から Ver1.1.1 までが混在しても問題なく動作します。

複数 Peer 構成を構築する際に次のように指定すると異なるバージョンの iroha コンテナを作成することが可能です。コマンドの異なる箇所を太字にしています。

Terminal A-4-1 iroha コンテナの作成（Ver1.1.1 の作例）

```
1  sudo docker run -it --name iroha \
2   -p 51051:50051 \
3   -v $(pwd)/iroha/example:/opt/iroha_data \
4   -v blockstore:/tmp/block_store \
5   --network=iroha-network \
6   --entrypoint=/bin/bash \
7   hyperledger/iroha:1.1.1
```

Terminal A-4-2 iroha1 コンテナの作成（Ver1.1.0 の作例）

```
1  sudo docker run -it --name iroha1 \
2   -p 52051:50051 \
3   -v $(pwd)/iroha/example1:/opt/iroha_data \
4   -v blockstore1:/tmp/block_store \
5   --network=iroha-network \
6   --entrypoint=/bin/bash \
7   hyperledger/iroha:1.1.0
```

Terminal A-4-3 iroha2 コンテナの作成（最新バージョンでの作例）

```
1  sudo docker run -it --name iroha2 \
2   -p 53051:50051 \
3   -v $(pwd)/iroha/example2:/opt/iroha_data \
4   -v blockstore2:/tmp/block_store \
5   --network=iroha-network \
6   --entrypoint=/bin/bash \
7   hyperledger/iroha:latest
```

一般的には、「latest」と入れることで、そのときの最新バージョンでコンテナが作成されます。しかし、本書執筆時では、「latest」を指定すると 1.0.1 がインストールされました。そのため、1.1.0 や 1.1.1 をインストールする場合には、上記のように明示的に指定する必要がありました。

作成されたコンテナは、次のとおりです。iroha コンテナの IMAGE がそれぞれ異なることがわかります。なお、PostgreSQL コンテナは、同一のバージョンです。

Terminal A-4-4 異なるバージョンでの iroha コンテナの例（バージョンは筆者が追記）

```
1  sudo docker ps ─────────────────────────────── コンテナの一覧表示
2  CONTAINER ID     IMAGE                         NAMES    (バージョン)
3  e64e06f3baf8     hyperledger/iroha:1.1.1       iroha    (1.1.1)
4  aa5530d0feec     hyperledger/iroha:1.1.0       iroha1   (1.1.0)
5  37a78477c695     hyperledger/iroha:latest      iroha2   (1.0.1)
6  40f510229651     postgres:9.5                  some-postgres
7  0ab304db373f     postgres:9.5                  some-postgres1
8  3103957cc4ff     postgres:9.5                  some-postgres2
```

このような構成でも 1 つの Hyperledger Iroha ネットワークとして 3 つの Peer が連携して動作します。もちろんブロックチェーンも 3 つの Peer で同様に作成されます。

some-postgres コンテナと some-postgres1 コンテナおよび some-postgres2 コンテナでは、World State View を格納するデータベースが異なります。このような違いは、Hyperledger Iroha 内部の違いで、外部（iroha-cli コマンドおよび Hyperledger Iroha API）からのリクエストや動作に影響を及ぼしません。変更箇所の影響を Hyperledger Iroha 内部で抑えているといえます。

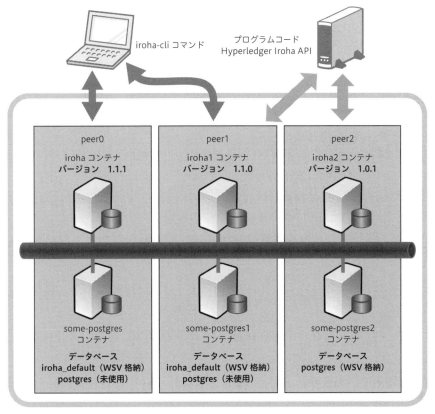

Hyperledger Iroha ネットワーク

Chart A-4-1 異なるバージョンで構成された Hyperledger Iroha ネットワーク

some-postgres コンテナおよび some-postgres1 コンテナの World State View に直接アクセスする場合には、データベース名を「iroha_default」と指定します。同様に some-postgres2 コンテナの World State View に直接アクセスする場合には、データベース名を「postgres」と指定します。

❖ A.4.4 Hyperledger Iroha のリリース状況の確認

Hyperledger Iroha のリリース状況は、こちらの Web ページに掲載されています。

URL https://github.com/hyperledger/iroha/releases

❖A.5 各種ソースコード解説

❖ A.5.1 アカウント作成

Terminal A-5-1 アカウント作成（iroha02.js ファイルおよび iroha12.js ファイル）の実行結果ログ

```
 1  cd ~/node_modules/iroha-helpers/example/ ──────────── ディレクトリを移動
 2  node iroha02.js test you 29f15463d446bd8c4f48f06b2c7d2709a71771edd9cdc18ef3c475df
    399cda29 ────── iroha02.js にドメイン名、アカウント名、公開鍵をパラメータとして付けて実行
 3    [ undefined ]
 4  fetchCommits new block: { blockV1:
 5    { payload:
 6      { transactionsList:
 7        [ { payload:
 8            { reducedPayload:
 9              { commandsList:
10                [ { addAssetQuantity: undefined,
11                    addPeer: undefined,
12                    addSignatory: undefined,
13                    appendRole: undefined,
14                    createAccount:
15                    { accountName: 'you',
16                      domainId: 'test',
17                      publicKey: '29f15463d446bd8c4f48f06b2c7d2709a71771edd9
    cdc18ef3c475df399cda29' },
18                    createAsset: undefined,
19                    createDomain: undefined,
20                    createRole: undefined,
21                    detachRole: undefined,
```

```
22              grantPermission: undefined,
23              removeSignatory: undefined,
24              revokePermission: undefined,
25              setAccountDetail: undefined,
26              setAccountQuorum: undefined,
27              subtractAssetQuantity: undefined,
28              transferAsset: undefined } ],
29          creatorAccountId: 'admin@test',
30          createdTime: 1565677063733,
31          quorum: 1 },
32        batch: undefined },
33      signaturesList:
34       [ { publicKey: '313a07e6384776ed95447710d15e59148473ccfc052a681317a
   72a69f2a49910',
35           signature: '72b9cd5363e7e4d9af6f1ac4a3db564896492d0bc203d8e8526
   6e06ab06159aac333d3ea00b265cf8baed1488d453ee0ed178fce38963fc7045c863d5bcee10e' }
   ] } ],
36      txNumber: 0,
37      height: 6,
38      prevBlockHash: '09742a863fa2fe7b1f207abdd74959c8d85d29265995c1a7afca5e9b3
   4ec0739',
39      createdTime: 1565677064827,
40      rejectedTransactionsHashesList: [] },
41    signaturesList:
42     [ { publicKey: 'bddd58404d1315e0eb27902c5d7c8eb0602c16238f005773df406bc1913
   08929',
43         signature: 'ffa82f43d3767bacbd36d10db95e65cf53ac61a64936ca4b61ac7c972aa
   0c89de2b1b1bcc4fcbb37044fae9893eba157f5a205164441a5e09b3ffaa08501c00c' } ] } }
44  AutoEnd!
```

2行目が iroha02.js の実行です。パラメータとして、ドメイン名「test」、アカウント名「you」、公開鍵「29f15463d446bd8c4f48f06b2c7d2709a71771edd9cdc18ef3c475df399cda29」の3つを指定します。公開鍵には、4.2.3節で、keycreate.js にて作成したものを記入してください。

3行目は、createAccount の実行結果です。命令を送信するだけで、内容はありません。

4～43行目は、fetchCommits による結果です。

9～28行目は、command タイプの API 一覧です。リクエストされた API に内容が入ります。

14行目は、createAccount です。以後にリクエスト内容が表示されます。

15行目は、アカウント名です。

16行目は、ドメイン名です。

A

17 行目は、公開鍵です。

29 行目は、リクエストしたアカウント ID です。

30 行目は、リクエストを受領した時間です。UNIX タイムスタンプ形式（ミリ秒単位）です。

37 行目は、この処理が 6 番目のブロックに格納されたことがわかります。

44 行目は、経過時間で自動終了したメッセージです。fetchCommits は、終了せずにループします。そのため、コードで、自動終了するようにしています。

A.5.2 アセット加算処理

Terminal A-5-2 アセット加算処理（iroha03.js ファイルおよび iroha13.js ファイル）の実行結果ログ

```
1  cd ~/node_modules/iroha-helpers/example ──────────── ディレクトリを移動
2  node iroha03.js kanri@nihon a5d6f8fa4d0c358dc5218e4bcaf46e175b0fbc4cb80d0a00e562e
   1dc50f6d4a6 10.5 2 30.1 ──────── iroha03.js にアカウント ID、秘密鍵、各アセット
                                    への加算値をパラメータとして付けて実行
3  [ undefined, undefined, undefined ]
4  fetchCommits new block: { blockV1:
5     { payload:
6        { transactionsList:
7           [ { payload:
8              { reducedPayload:
9                 { commandsList:
10                   [ { addAssetQuantity: { assetId: 'total#nihon', amount:
   '30.1' },
11                       addPeer: undefined,
12                       addSignatory: undefined,
13                       appendRole: undefined,
14                       createAccount: undefined,
15                       createAsset: undefined,
16                       createDomain: undefined,
17                       createRole: undefined,
18                       detachRole: undefined,
19                       grantPermission: undefined,
20                       removeSignatory: undefined,
21                       revokePermission: undefined,
22                       setAccountDetail: undefined,
23                       setAccountQuorum: undefined,
24                       subtractAssetQuantity: undefined,
25                       transferAsset: undefined } ],
26                  creatorAccountId: 'kanri@nihon',
27                  createdTime: 1565677602071,
28                  quorum: 1 },
```

```
29              batch: undefined },
30            signaturesList:
31              [ { publicKey: '793a53d0ae2fb352dbaf8b629395e392a738d9f42ef98aaa876
   2331ef8263a6c',
32                  signature: '37282f6d2f7b24dce4c107e1172eef9ddbd8a8c0052204c30db
   52602e255b21dab99a59093ab4d1b90d8b75965fd12d4f3274b783e7e25f6291ce78cd0599e05' }
   ] },
33          { payload:
34            { reducedPayload:
35              { commandsList:
36                [ { addAssetQuantity: { assetId: 'ticket#nihon', amount: '2'
   },
37                    addPeer: undefined,
38                    addSignatory: undefined,
39                    appendRole: undefined,
40                    createAccount: undefined,
41                    createAsset: undefined,
42                    createDomain: undefined,
43                    createRole: undefined,
44                    detachRole: undefined,
45                    grantPermission: undefined,
46                    removeSignatory: undefined,
47                    revokePermission: undefined,
48                    setAccountDetail: undefined,
49                    setAccountQuorum: undefined,
50                    subtractAssetQuantity: undefined,
51                    transferAsset: undefined } ],
52              creatorAccountId: 'kanri@nihon',
53              createdTime: 1565677602069,
54              quorum: 1 },
55            batch: undefined },
56          signaturesList:
57            [ { publicKey: '793a53d0ae2fb352dbaf8b629395e392a738d9f42ef98aaa876
   2331ef8263a6c',
58                signature: '851221444d9831bb2cffdffcb0402c105111a4ce5adcb54e337
   5d231d785677a5bd1ca7adb7422501b6bdbb43eb5ab0043e88c8c4c63054af82053eb7526d80e' }
   ] },
59          { payload:
60            { reducedPayload:
61              { commandsList:
```

```
62              [ { addAssetQuantity: { assetId: 'prepay#nihon', amount:
    '10.5' },
63                    addPeer: undefined,
64                    addSignatory: undefined,
65                    appendRole: undefined,
66                    createAccount: undefined,
67                    createAsset: undefined,
68                    createDomain: undefined,
69                    createRole: undefined,
70                    detachRole: undefined,
71                    grantPermission: undefined,
72                    removeSignatory: undefined,
73                    revokePermission: undefined,
74                    setAccountDetail: undefined,
75                    setAccountQuorum: undefined,
76                    subtractAssetQuantity: undefined,
77                    transferAsset: undefined } ],
78               creatorAccountId: 'kanri@nihon',
79               createdTime: 1565677602064,
80               quorum: 1 },
81             batch: undefined },
82          signaturesList:
83           [ { publicKey: '793a53d0ae2fb352dbaf8b629395e392a738d9f42ef98aaa876
    2331ef8263a6c',
84               signature: '400ff4e2d06912d6162796dc9342a18b7b36c1e8082dfba38bf
    3e81a10def20fb946e98dce53245daf3a7989cce98ecf71452efc985212790c062665daed3c0c' }
    ] } ],
85        txNumber: 0,
86        height: 7,
87        prevBlockHash: '8889dbeb4fa4300bb6c7ff7ad07f635fc5001bd94b70e1e9c4641cd5c
    47f83e8',
88        createdTime: 1565677603584,
89        rejectedTransactionsHashesList: [] },
90      signaturesList:
91       [ { publicKey: 'bddd58404d1315e0eb27902c5d7c8eb0602c16238f005773df406
    bc191308929',
92           signature: 'bd7fca0dd1e8dc64c8762af6127ec661a2e30c9897f48c2843313004ff7
    0d1996afa282949265bb32bdf72d74968b206665ddc7c370d882fc61f5540791ae80a' } ] } }
93  AutoEnd!
```

2行目がiroha03.jsの実行です。パラメータとして、アカウントID「kanri@nihon」、秘密鍵（kanri@nihon作成時の秘密鍵で、kanri@nihon.privの内容です）、prepay#nihonアセットの加算額「10.5」、ticket#nihonアセットの加算額「2」、total#nihonアセットの加算額「30.1」の5つを指定します。

3行目は、addAssetQuantity3回分の結果です。結果はありません。

4〜92行目が、fetchCommitsによる結果です。

5〜32行目が、total#nihonアセットの加算処理部分です。

10行目にaddAssetQuantityのリクエスト内容が記述されています。

33〜58行目が、ticket#nihonアセットの加算処理部分です。

36行目にaddAssetQuantityのリクエスト内容が記述されています。

59〜84行目が、prepay#nihonアセットの加算処理部分です。

62行目にaddAssetQuantityのリクエスト内容が記述されています。

86行目は、この処理が7番目のブロックに格納されたことがわかります。

93行目は、経過時間で自動終了したメッセージです。

A.5.3 アセット転送処理&アセット加算処理

Terminal A-5-3 アセット転送処理&アセット加算処理（iroha04.jsファイルおよびiroha14.jsファイル）の実行結果ログ

```
 1  cd ~/node_modules/iroha-helpers/example ──────────── ディレクトリを移動
 2  node iroha04.js kanri@nihon a5d6f8fa4d0c358dc5218e4bcaf46e175b0fbc4cb80d0a00e562e
    1dc50f6d4a6 10.5 2 30.1 JavaScriptで実施 ─── iroha04.jsにアカウントID、秘密鍵、
                                                各アセットへの転送値、加算値、メッセー
                                                ジをパラメータとして付けて実行
 3  fetchCommits new block: { blockV1:
 4    { payload:
 5      { transactionsList:
 6        [ { payload:
 7            { reducedPayload:
 8              { commandsList:
 9                [ { addAssetQuantity: { assetId: 'total#nihon', amount:
    '30.1' },
10                    addPeer: undefined,
11                    addSignatory: undefined,
12                    appendRole: undefined,
13                    createAccount: undefined,
14                    createAsset: undefined,
15                    createDomain: undefined,
16                    createRole: undefined,
17                    detachRole: undefined,
18                    grantPermission: undefined,
```

```
19              removeSignatory: undefined,
20              revokePermission: undefined,
21              setAccountDetail: undefined,
22              setAccountQuorum: undefined,
23              subtractAssetQuantity: undefined,
24              transferAsset: undefined } ],
25          creatorAccountId: 'kanri@nihon',
26          createdTime: 1565677948518,
27          quorum: 1 },
28        batch: undefined },
29      signaturesList:
30        [ { publicKey: '793a53d0ae2fb352dbaf8b629395e392a738d9f42ef98aaa876
    2331ef8263a6c',
31            signature: '09f96e5b43df523ad3bc789151420efecbb0dff0fdb7419629d
    2ff97aafce3b7076db66d65a2127245c394c44ad61b928b4c164908db82bb762a81119211b60e' }
    ] },
32      { payload:
33        { reducedPayload:
34          { commandsList:
35            [ { addAssetQuantity: undefined,
36                addPeer: undefined,
37                addSignatory: undefined,
38                appendRole: undefined,
39                createAccount: undefined,
40                createAsset: undefined,
41                createDomain: undefined,
42                createRole: undefined,
43                detachRole: undefined,
44                grantPermission: undefined,
45                removeSignatory: undefined,
46                revokePermission: undefined,
47                setAccountDetail: undefined,
48                setAccountQuorum: undefined,
49                subtractAssetQuantity: undefined,
50                transferAsset:
51                  { srcAccountId: 'kanri@nihon',
52                    destAccountId: 'user@nihon',
53                    assetId: 'ticket#nihon',
54                    description: 'JavaScriptで実施',
55                    amount: '2' } } ],
```

```
56              creatorAccountId: 'kanri@nihon',
57              createdTime: 1565677948515,
58              quorum: 1 },
59           batch: undefined },
60         signaturesList:
61          [ { publicKey: '793a53d0ae2fb352dbaf8b629395e392a738d9f42ef98aaa876
   2331ef8263a6c',
62              signature: '0bc708e823bc6b57cfa2763a4c8fe545c470605d1fb9f92656b
   bd9f7931812229eff4cbec8736f194ec98fef20ec46d0a6e8730434fce8b3a0f31fba44215905' }
   ] },
63           { payload:
64             { reducedPayload:
65               { commandsList:
66                 [ { addAssetQuantity: undefined,
67                     addPeer: undefined,
68                     addSignatory: undefined,
69                     appendRole: undefined,
70                     createAccount: undefined,
71                     createAsset: undefined,
72                     createDomain: undefined,
73                     createRole: undefined,
74                     detachRole: undefined,
75                     grantPermission: undefined,
76                     removeSignatory: undefined,
77                     revokePermission: undefined,
78                     setAccountDetail: undefined,
79                     setAccountQuorum: undefined,
80                     subtractAssetQuantity: undefined,
81                     transferAsset:
82                       { srcAccountId: 'kanri@nihon',
83                         destAccountId: 'user@nihon',
84                         assetId: 'prepay#nihon',
85                         description: 'JavaScriptで実施',
86                         amount: '10.5' } } ],
87              creatorAccountId: 'kanri@nihon',
88              createdTime: 1565677948509,
89              quorum: 1 },
90           batch: undefined },
91         signaturesList:
```

A

```
92         [ { publicKey: '793a53d0ae2fb352dbaf8b629395e392a738d9f42ef98aaa876
   2331ef8263a6c',
93               signature: '75559dbf31c80d31067db27d86c75dbffc5caac9235f9a44a45
   f636428bc8ddff086fc24c974c922be75873026edd300b554bdebceda159ea8ad2a1165445b05' }
   ] } ],
94       txNumber: 0,
95       height: 8,
96       prevBlockHash: '838ccd88063255a919de9db39b843ca3685e447149bdb2de63b2335a9
   4deb18d',
97       createdTime: 1565677949650,
98       rejectedTransactionsHashesList: [] },
99     signaturesList:
100     [ { publicKey: 'bddd58404d1315e0eb27902c5d7c8eb0602c16238f005773df406bc1913
   08929',
101        signature: '325425a3c0668c1149fc7cea297425cbcf04ab2e17a4c682598402f8fe7
   7dcc6b4f3935e1c3ac4e505c58fdf5f1e5ac432a7b649b1d26af5bc304c53dd7ee203' } ] } }
102  [ undefined, undefined, undefined ]
103  AutoEnd!
```

2 行目が iroha04.js の実行です。パラメータとして、アカウント ID「kanri@nihon」、秘密鍵（kanri@nihon 作成時の秘密鍵で、kanri@nihon.priv の内容です）、prepay#nihon アセットの転送額「10.5」、ticket#nihon アセットの転送額「2」、total#nihon アセットの加算額「30.1」、メッセージ「JavaScript で実施」の 6 つを指定します。

3 ～ 101 行目が、fetchCommits による結果です。

4 ～ 31 行目が、total#nihon アセットの加算処理部分です。

32 ～ 62 行目が、ticket#nihon アセットの転送処理部分です。

63 ～ 93 行目が、prepay#nihon アセットの転送処理部分です。

95 行目は、この処理が 8 番目のブロックに格納されたことがわかります。

102 行目は、addAssetQuantity と transferAsset2 回分の標準出力です。結果はありません。

103 行目は、経過時間で自動終了したメッセージです。

❖ A.5.4 ブロック内容表示（ブロック位置指定）

Terminal A-5-4 ブロック内容表示（ブロック位置指定）(iroha05.js ファイルおよび iroha15.js ファイル) の実行結果ログ

```
1  cd ~/node_modules/iroha-helpers/example$ ──────────── ディレクトリを移動
2  node iroha05.js 6 ──────── iroha05.js を、ブロック位置「6」をパラメータとして実行
3  [ { payload:
4      { transactionsList:
```

```
5        [ { payload:
6            { reducedPayload:
7                { commandsList:
8                    [ { addAssetQuantity: undefined,
9                        addPeer: undefined,
10                       addSignatory: undefined,
11                       appendRole: undefined,
12                       createAccount:
13                         { accountName: 'you',
14                           domainId: 'test',
15                           publicKey: '29f15463d446bd8c4f48f06b2c7d2709a71771edd9c
dc18ef3c475df399cda29' },
16                       createAsset: undefined,
17                       createDomain: undefined,
18                       createRole: undefined,
19                       detachRole: undefined,
20                       grantPermission: undefined,
21                       removeSignatory: undefined,
22                       revokePermission: undefined,
23                       setAccountDetail: undefined,
24                       setAccountQuorum: undefined,
25                       subtractAssetQuantity: undefined,
26                       transferAsset: undefined } ],
27                   creatorAccountId: 'admin@test',
28                   createdTime: 1565677063733,
29                   quorum: 1 },
30                 batch: undefined },
31             signaturesList:
32               [ { publicKey: '313a07e6384776ed95447710d15e59148473ccfc052a681317a7
2a69f2a49910',
33                   signature: '72b9cd5363e7e4d9af6f1ac4a3db564896492d0bc203d8e85266
e06ab06159aac333d3ea00b265cf8baed1488d453ee0ed178fce38963fc7045c863d5bcee10e' } ]
} ],
34         txNumber: 0,
35         height: 6,
36         prevBlockHash: '09742a863fa2fe7b1f207abdd74959c8d85d29265995c1a7afca5e9b34
ec0739',
37         createdTime: 1565677064827,
38         rejectedTransactionsHashesList: [] },
39     signaturesList:
```

このようにブロック内容が表示される

A

```
40          [ { publicKey: 'bddd58404d1315e0eb27902c5d7c8eb0602c16238f005773df406bc19130
    8929',
41            signature: 'ffa82f43d3767bacbd36d10db95e65cf53ac61a64936ca4b61ac7c972aa0
    c89de2b1b1bcc4fcbb37044fae9893eba157f5a205164441a5e09b3ffaa08501c00c' } ] } ]
```

2 行目が iroha05.js の実行です。パラメータとして、ブロック位置「6」を指定します。

3 行目以降が、getBlock による結果です。6 番目のブロックは、アカウント作成を実行した際に生成されたブロックです。12 〜 15 行目に createAccount の内容が表示されています。

A.5.5 トランザクション内容表示（アカウント指定）

Terminal A-5-5　トランザクション内容表示（アカウント指定）iroha06.js ファイルおよび
iroha16.js ファイルの実行結果ログ（1 ページ目）

```
 1   cd ~/node_modules/iroha-helpers/example ─────────────── ディレクトリを移動
 2   node iroha06.js kanri@nihon ─── iroha06.js にアカウント ID をパラメータとして付けて実行
 3   [ { transactionsList:
 4      [ { payload:
 5         { reducedPayload:
 6           { commandsList:
 7             [ { addAssetQuantity: { assetId: 'prepay#nihon', amount: '100.55'
    },
 8                 addPeer: undefined,
 9                 addSignatory: undefined,
10                 appendRole: undefined,
11                 createAccount: undefined,
12                 createAsset: undefined,
13                 createDomain: undefined,
14                 createRole: undefined,
15                 detachRole: undefined,
16                 grantPermission: undefined,
17                 removeSignatory: undefined,
18                 revokePermission: undefined,
19                 setAccountDetail: undefined,
20                 setAccountQuorum: undefined,
21                 subtractAssetQuantity: undefined,
22                 transferAsset: undefined },
23               { addAssetQuantity: { assetId: 'ticket#nihon', amount: '20' },
24                 addPeer: undefined,
25                 addSignatory: undefined,
26                 appendRole: undefined,
```

```
27                        createAccount: undefined,
28                        createAsset: undefined,
29                        createDomain: undefined,
30                        createRole: undefined,
31                        detachRole: undefined,
32                        grantPermission: undefined,
33                        removeSignatory: undefined,
34                        revokePermission: undefined,
35                        setAccountDetail: undefined,
36                        setAccountQuorum: undefined,
37                        subtractAssetQuantity: undefined,
38                        transferAsset: undefined },
39                    { addAssetQuantity: { assetId: 'total#nihon', amount: '300.5'
    },
40                        addPeer: undefined,
41                        addSignatory: undefined,
42                        appendRole: undefined,
43                        createAccount: undefined,
44                        createAsset: undefined,
45                        createDomain: undefined,
46                        createRole: undefined,
47                        detachRole: undefined,
48                        grantPermission: undefined,
49                        removeSignatory: undefined,
50                        revokePermission: undefined,
51                        setAccountDetail: undefined,
52                        setAccountQuorum: undefined,
53                        subtractAssetQuantity: undefined,
54                        transferAsset: undefined } ],
55                creatorAccountId: 'kanri@nihon',
56                createdTime: 1570021210229,
57                quorum: 1 },
58            batch: undefined },
59          signaturesList:
60           [ { publicKey: 'cb51d458e1031c6a3bc4c1f81baca6ef043893b30c0ae8945843212
    4a97ec02e',
61               signature: '54fcf1a6734715a5d6f3c969a61dc131f894b809e245e2a258bf668
    b9cc059eadb002e2e559c8bffd71a39749c64bc19f63b7e399f9493e333fe50595fc74901' } ] }
    ],
62      allTransactionsSize: 2,
```

A

```
63        nextTxHash: '4247edb42d9b386ee45e5db53b8c276bf1ff5d6cd9e0fe9065587cd27fd97b6
   e' } ]
```

2 行目が iroha06.js の実行です。パラメータとして、アカウント ID「kanri@nihon」を指定します。

3 行目以降が、getAccountTransactions による結果です。ページサイズは 1 です。

4 〜 61 行目が、1 つのトランザクションの内容です。ページサイズを 2 以上にした場合、ページサイズ分のトランザクションが連続して表示されます。

62 行目が、該当件数です。この例では、2 件です。

63 行目が、次のページを示すハッシュ値です。次ページがある場合、ハッシュ値が表示されます。

以下の 2 回目の実行では、パラメータとしてアカウント ID と次ページを示すハッシュ値を指定します。

Terminal A-5-6 トランザクション内容表示（アカウント指定）の実行結果（2 ページ目）

```
1  node iroha06.js kanri@nihon 4247edb42d9b386ee45e5db53b8c276bf1ff5d6cd9e0fe9065587
   cd27fd97b6e ─────────────── iroha06.js にアカウント ID と次ページを示すハッシュ値を
                                パラメータとして付けて実行
2  [ { transactionsList:
3      [ { payload:
4        { reducedPayload:
5          { commandsList:
6            [ { addAssetQuantity: undefined,
7                addPeer: undefined,
≋
63               transferAsset:
64               { srcAccountId: 'kanri@nihon',
65                 destAccountId: 'tantou@nihon',
66                 assetId: 'total#nihon',
67                 description: '',
68                 amount: '30.1' } } ],
69           creatorAccountId: 'kanri@nihon',
70           createdTime: 1570021743785,
71           quorum: 1 },
72        batch: undefined },
73      signaturesList:
74        [ { publicKey: 'cb51d458e1031c6a3bc4c1f81baca6ef043893b30c0ae8945843212
   4a97ec02e',
75          signature: 'bb2a5798c83af23a62c7e20887fb63e8a2615e35493e9887e36b796
   34b5d56c9be20a98eb106e1352d8d7b7f249c808b1692c909bb133154566d3b0b32fc6e0c' } ] }
   ],
```

```
76    allTransactionsSize: 2,
77    nextTxHash: '' } ]
```

　1行目が、2回目の iroha06.js の実行です。パラメータとして、アカウント ID「kanri@nihon」
と次ページを示すハッシュ値「4247edb42d9b386ee45e5db53b8c276bf1ff5d6cd9e0fe9065587cd27f
d97b6e」を指定します。

　2行目以降が、getAccountTransactions による結果です。途中を省略しています。

　77行目が、最後のページなので次のページを示すハッシュ値はありません。

　このように getAccountTransactions などの複数ページで結果を構成する場合は、次ページを
示すハッシュ値によって、次ページの有無を制御します。

❀A.5.6 例題「コワーキングスペース日本」のコード解説

　例題「コワーキングスペース日本」の実行ファイルである web.js は、シンプルなコードとす
るために標準の Node.js 機能だけで構成しています。全体の構造や流れなどは、本文で解説して
いるので、本文では省略した Hyperledger Iroha を使用するための Node.js 特有のテクニックな
どを中心に解説します。

　なお、web.js のコードは非常に長いため、分割して表記しています。

Chart A-5-1　Web サーバ処理（web.js ファイル）のコード

```
 1   // コワーキングスペース日本 Webサーバ処理(*実行時にsudoが必要)
 2
 3   let http = require('http')   // httpモジュールを読込
 4   let url = require('url')     // urlモジュールを読込
 5   let fs = require('fs')       // ファイルモジュールを読込
 6
 7   let uri          // urlのpathをセット
 8   let body         // httpのbodyをセット
 9
10   let err_sysmsg   // irohaエラーメッセージをセット
11   let err_aplmsg   // アプリエラーメッセージをセット
12   let accountid    // FORMタグのアカウント名をセット
13   let name         // FORMタグの名前をセット
14   let kana         // FORMタグのかなをセット
```

　3行目は、http モジュールを読み込み変数 http にセットします。

　4行目は、url モジュールを読み込み変数 url にセットします。

A

```
15   let adds           // FORMタグの住所をセット
16   let tel            // FORMタグの電話をセット
17   let bd             // FORMタグの誕生日をセット
18   let block          // ブロック位置を格納
19
20   let prepay         // prepay#nihonアセット残高をセット，FORMタグのチャージをセット
21   let ticket         // ticket#nihonアセット残高をセット，FORMタグの回数券をセット
22   let total          // FORMタグのお支払現金をセット(total#nihonアセット)
23   let shisetsu       // FORMタグの施設をセット
24   let ninzu          // FORMタグの人数をセット
25   let usetime        // FORMタグの利用時間をセット
26
27   let pub_key        // キーペアの公開鍵をセット
28   let priv_key       // キーペアの秘密鍵をセット
29
30   let COMMAND        // 外部プロセスのコマンドをセット
31   let COMMAND2       // 外部プロセスのコマンドをセット
32   let FileName       // ファイル名をセット
33   const KEY_DIR = '/home/a1/iroha/example/' // キーペアのディレクトリ(実行環境に依
     存)
34
35   let server = http.createServer()        // httpサーバを作成
36
37   let exec = require('child_process').exec  // 外部プロセス呼び出しに使用
38
```

33行目は、秘密鍵を読み込むディレクトリを定数 KEY_DIR にセットします。フルパス指定のため、実行する環境に応じて変更する必要があります。

35行目は、http サーバを作成して変数 server にセットします。

```
39    // イベントハンドラ(http.createServerのrequestによりコール)
40    server.on('request', function (req, res) {
41        let Response = {      // Responseオブジェクト中に処理を記述して条件ごとに分岐す
      る
42            'topmenu': function () {
43                let template = fs.readFile('topmenu.html', 'utf-8', function (err,
      data) {
44                    res.writeHead(200, {                    // HTTPレスポンスヘッダを出力
      する
45                        'content-Type': 'text/html'
46                    })
47                    res.write(data)                         // HTTPレスポンスボディを出力
      する
48                    res.end()
49                });
50            },
51            'kaiin_input': function () {
52                let template = fs.readFile('kaiin_input.html', 'utf-8', function
      (err, data) {
53                    res.writeHead(200, {
54                        'content-Type': 'text/html'
55                    })
56                    res.write(data)
57                    res.end()
58                });
59            },
```

40 ～ 382 行目は、http サーバでイベントが発生した場合に呼び出されます。

41 ～ 213 行目は、Response オブジェクトを宣言しています。内部にレスポンスを作成する処理を記述しています。

42 ～ 50 行目は、「topmenu」で呼び出される処理を記述しています。また、html ファイルを読み込んでレスポンスとして Web ブラウザに送信する典型的な処理です。

43 行目は、topmenu.html ファイルを読み込みに変数 data にセットします。44 ～ 46 行目までコールバック処理です。

44 行目は、ヘッダー情報として、「'content-Type': 'text/html'」とステータスコード 200 をWeb ブラウザに送信します。

47 行目は、変数 data（topmenu.html ファイルの内容）を Web ブラウザに送信します。

48 行目は、レスポンス終了をブラウザに送信します。

51 ～ 59 行目は、「kaiin_input」で呼び出される処理を記述しています。kaiin_input.html ファ

イルを Web ブラウザに送信します。

60 ～ 97 行目は、「nyuukai」で呼び出される処理を記述しています。

62 行目は、配列を変数 COMMAND にセットしています。

63 行目は、join メソッドを使用して、配列を ' '（ブランク）を付けて結合します。

例えば、変数 COMMAND に配列 ['node iroha02.js', 'nihon'] が格納されていた場合、join メソッドによって変数 COMMAND には 'node iroha02.js nihon' がセットされます。外部コマンドは、パラメータをブランクでセパレートしなければいけないので、文字列結合式が長く判読しづらくなります。join メソッドを使用するとシンプルになります。

```
60            'nyuukai': function () {
61                // irohaへの登録
62                COMMAND = ['node iroha02.js', 'nihon', accountid, pub_key]
63                COMMAND = COMMAND.join(' ')
64                console.log('COMMAND=',COMMAND)
65                exec( COMMAND , function(error, stdout, stderr) {
66                    if (error !== null) {              // コマンドのエラー処理
67                        console.log('exec error: ' + error)
68                        return
69                    }
70                    console.log(stdout)
71                    // ブロック位置を取得
72                    if (stdout.match(/height: (\d+),/) !== null){
73                        block = stdout.match(/height: (\d+),/)[1]
74                    } else {
75                    // キーファイルより公開鍵を取得
76                    block = (2^64)+1
77                    }
78                    // PostgreSQLへの登録
79                    COMMAND = ['node pg_nyuukai.js', accountid + '@nihon', name,
   kana, adds, tel, bd, block]
80                    COMMAND = COMMAND.join(' ');
```

64 行目は、標準出力（ターミナル）に変数 COMMAND の内容を出力します。

65 行目は、外部プロセスで変数 COMMAND の内容（iroha02.js）を実行します。66 〜 96 行目が、コールバックとして外部プロセス終了後に実行されます。

66 〜 69 行目は、エラー時は、変数 error の内容（外部プロセス実行時のエラーメッセージ）をエラー出力にセットします。

70 行目は、標準出力（ターミナル）に変数 stdout（外部プロセス実行時の標準出力）の内容を出力します。

72 行目は、match メソッドにて変数 stdout（外部プロセス実行時の標準出力）から正規表現「height: (\d+),」が検索できるかの条件判断です。正規表現「height: (\d+),」は、iroha02.js で呼び出している fetchCommits の戻り値の「height: 6,」などを検索します。「\d+」は、複数の数字を表すので、ブロック位置が 1 桁以上の値でも対応できます。

73 行目は、変数 stdout の正規表現「height: (\d+),」で検索したカッコ（）内を変数 block にセットします。fetchCommits の戻り値は、多くの文字列で構成されています。そのため、必要な値を抜き出すのに match メソッドをよく使用します。

76 行目は、正規表現「height: (\d+),」で検索できなかった場合に変数 block にダミーの値をセッ

トします。Hyperledger Iroha のブロック位置は、2^64（2 の 64 乗）までです。そのため、さらに 1 プラスした値としています。

79 〜 80 行目は、外部プロセスで実行する内容（pg_nyuukai.js とパラメータ）を変数 COMMAND にセットします。

60 〜 97 行目は、下図に示した処理を行います。

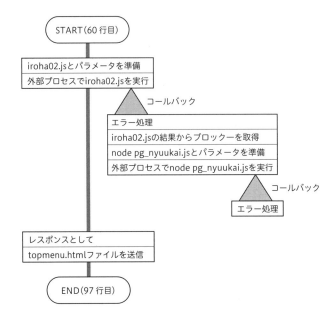

```
81              console.log('COMMAND=',COMMAND)
82              exec( COMMAND , function(error, stdout, stderr) {
83                  if (error !== null) {
84                      console.log('exec error: ' + error)
85                      return;
86                  }
87                  console.log(stdout)
88              })
89          })
90          let template = fs.readFile('topmenu.html', 'utf-8', function (err,
    data) {
91              res.writeHead(200, {
92                  'content-Type': 'text/html'
93              })
94              res.write(data)
95              res.end()
96          })
97      },
98      'zandaka1': function () {
99          let template = fs.readFile('zandata1.html', 'utf-8', function (err,
    data) {
100             res.writeHead(200, {
101                 'content-Type': 'text/html'
102             })
```

81 行目は、標準出力（ターミナル）に変数 COMMAND の内容を出力します。

82 行目は、外部プロセスで変数 COMMAND の内容（pg_nyuukai.js）を実行します。内部で
エラー時に変数 error の内容をエラー出力にセットします。

87 行目は、標準出力（ターミナル）に変数 stdout の内容を出力します。

90 ～ 96 行目は、topmenu.html の内容を Web ブラウザに送信します。

99 行目は、zandata1.html ファイルを読み込んで変数 data にセットします。Web ブラウザに
HTTP ヘッダーやステータスコードを送信します。

A

```
103        data = data.replace(777, accountid)
104        data = data.replace(888, prepay)
105        data = data.replace(999, ticket)
106        if (accountid === 'user') {
107            data = data.replace('type="submit"', 'type="submit"
     disabled')
108        }
109        res.write(data)
110        res.end()
111      })
112    },
113    'zandaka2': function () {
114      let template = fs.readFile('zandata2.html', 'utf-8', function (err,
     data) {
115        res.writeHead(200, {
116            'content-Type': 'text/html'
117        })
118        data = data.replace(777, accountid)
119        data = data.replace(888, prepay)
120        data = data.replace(999, ticket)
121        if (accountid === 'user') {
122            data = data.replace('type="submit"', 'type="submit"
     disabled')
123        }
124        res.write(data)
125        res.end()
126      })
127    },
```

103 行目は、replace メソッドによって、変数 data 内の「777」を変数 accountid の内容に置き換えます。

104 行目は、replace メソッドによって、変数 data 内の「888」を変数 prepay の内容に置き換えます。

105 行目は、replace メソッドによって、変数 data 内の「999」を変数 ticket の内容に置き換えます。

106 行目は、accountid の内容が「user」の場合、replace メソッドによって、変数 data 内の「type="submit"」を「type="submit" disabled」に置き換えます。つまり、［チャージ］ボタンを使用不可能にします。

109 行目は、変数 data（zandaka1.html ファイルの内容）を Web ブラウザに送信します。

110 行目は、レスポンス終了をブラウザに送信します。

113 〜 127 行目は、「zandaka2」で呼び出される処理を記述しています。

98 〜 112 行目は、「zandaka1」で呼び出される処理を記述しています。既存の HTML ファイルの内容を置き換えて Web ブラウザに送信する典型的な処理です。以下のコードはチャージ画面ファイル（zandata1.html）の内容ですが、これの太字部分を置き換えます。

```html
<!DOCTYPE html>
<html lang="en">
<head>
    <meta charset="UTF-8">
    <title>コワーキングスペース日本</title>
</head>
<body>
    <p>チャージ画面</p>
    <a href="http://localhost:8080/topmenu">トップメニューに戻る</a><br/><br/>
    <FORM action="http://localhost:8080/charge" method="post">
        チャージアカウント：<input type="text" name="accountid" size="10" value="777" readonly><br/>
        <hr size="1">
        プリペイ残高は 888 です。<br/>
        プリペイ：<select name="prepay">
                <option value="0" selected >なし</option>
                <option value="3500">3000円</option>
                <option value="6000">5000円</option>
                <option value="14000">10000円</option>
                </select><br/><br/>
        回数券残数は 999 です。<br/>
        回数券：<select name="ticket">
                <option value="0" selected >なし</option>
                <option value="11">10枚セット</option>
                <option value="35">30枚セット</option>
                <option value="50">50枚セット</option>
                </select><br/><br/>
        お支払現金：<input type="number" name="total" size="10"><br/><br/>
        <input type="submit" value="チャージ"><br/>
    </FORM>
</body>
</html>
```

```
128      'charge': function () {
129          COMMAND = ['node iroha03.js', accountid+'@nihon', priv_key, prepay,
   ticket, total]
130          COMMAND = COMMAND.join(" ")
131          console.log('COMMAND=', COMMAND)
132          exec( COMMAND, function(error, stdout, stderr) {
133              if (error !== null) {                    // コマンドのエラー処理
134                  console.log('exec error: ' + error)
135                  return
136              }
137              console.log(stdout)
138              // PostgreSQLへの登録
139              COMMAND2 = ['node pg_shiharai.js', accountid + '@nihon', prepay,
   ticket, total, '-', 0, 0, 'charge']
140              COMMAND2 = COMMAND2.join(' ')
141              console.log('COMMAND=', COMMAND2)
142              exec( COMMAND2, function(error, stdout, stderr) {
143                  if (error !== null) {
144                      console.log('exec error: ' + error)
145                      return
146                  }
147                  console.log(stdout)
148              })
149          })
150          let template = fs.readFile('topmenu.html', 'utf-8', function (err,
   data) {
151              res.writeHead(200, {
152                  'content-Type': 'text/html'
153              })
154              res.write(data)
155              res.end()
156          })
157      },
```

128 〜 157 行目は、「charge」で呼び出される処理を記述しています。

```
158          'shiharai': function () {
159              COMMAND = ['node iroha04.js', accountid+'@nihon', priv_key, prepay,
     ticket, total, 'shiharai']
160              COMMAND = COMMAND.join(" ")
161              console.log('COMMAND=', COMMAND)
162              exec( COMMAND, function(error, stdout, stderr) {
163                  if (error !== null) {                    // コマンドのエラー処理
164                      console.log('exec error: ' + error)
165                      console.log('stderr: ' + stderr)
166                      console.log('stdout: ' + stdout)
167                      return
168                  }
169                  console.log(stdout)
170                  // PostgreSQLへの登録
171                  COMMAND2 = ['node pg_shiharai.js', accountid + '@nihon', prepay,
     ticket, total, shisetsu, ninzu, usetime, 'shiharai']
172                  COMMAND2 = COMMAND2.join(' ')
173                  console.log('COMMAND=', COMMAND2)
174                  exec( COMMAND2, function(error, stdout, stderr) {
175                      if (error !== null) {
176                          console.log('exec error: ' + error)
177                          return
178                      }
179                      console.log(stdout)
180                  })
181
182              })
183              let template = fs.readFile('topmenu.html', 'utf-8', function (err,
     data) {
184                  res.writeHead(200, {
185                  'content-Type': 'text/html'
186                  })
187              res.write(data)
188              res.end()
189              })
190          },
```

158 ～ 190 行目は、「shiharai」で呼び出される処理を記述しています。

A

```
191        'err_kizon': function () {
192            let template = fs.readFile('err_kizon.html', 'utf-8', function (err,
    data) {
193                res.writeHead(200, {
194                'content-Type': 'text/html'
195            })
196            res.write(data)
197            res.end()
198            })
199        },
200        'err_message': function () {
201            let template = fs.readFile('err_message.html', 'utf-8', function
    (err, data) {
202                res.writeHead(200, {
203                'content-Type': 'text/html'
204            })
205            if (err_aplmsg !== '') {
206                data = data.replace('ERROR_MSG', err_aplmsg)
207            }
208            res.write(data)
209            res.end(err_sysmsg)
210            err_msg = ''
211            })
212        }
213    }
214
```

191 ～ 199 行目は、「err_kizon」で呼び出される処理を記述しています。

200 ～ 212 行目は、「err_message」で呼び出される処理を記述しています。

```
215      uri = url.parse(req.url).pathname              // uriにurlのpathをセッ
    ト
216
217      if (req.method == 'POST' && uri !== '/') {
218          accountid = name = kana = adds = tel = bd = null // 変数初期化
219          pub_key = priv_key = null                // 変数初期化
220          prepay = ticket = total = null           // 変数初期化
221          shisetsu = ninzu = usetime = null        // 変数初期化
222          body = err_sysmsg = err_aplmsg = ''       // 変数初期化
223          req.setEncoding('utf8')               // エンコード形式をutf8に指定
224          req.on('data', function(chunk) {
225              body += chunk
226          })
227          req.on('end', function() {
228              if (uri === '/nyuukai') {              // http://localhost:8080/nyuukai
229                  if (body.match(/accountid=(.+).name/) !== null){        // FORM
    タグのアカウント名を取得
230                      if (fs.existsSync(KEY_DIR + body.match(/accountid=(.+).name/)
    [1] + '@nihon.pub')) {
231                          Response['err_kizon']()                    // 既存
    アカウントエラー
232                      } else {
233                          accountid = body.match(/accountid=(.+).name/)[1]
234                          // キーペアを作成
```

215 行目は、url オブジェクトに格納されている Web ブラウザのリクエスト URL パスを変数 uri にセットします。

217 行目は、Web ブラウザからの HTTP リクエストが POST の場合に 218 〜 368 行目を実行します。

218 〜 222 行目は、各変数に null をセットして初期化します。Web ブラウザからのリクエストごとに実行されるので、前回処理時にセットされた値を初期化します。

223 行目は、リクエストのエンコード（文字コード）を utf8 にセットします。文字化けを防ぐためにセットします。

224 行目は、Web ブラウザのリクエストを変数 body にセットします。

228 行目は、変数 uri の内容が「/nyuukai」の場合に 229 〜 264 行目を実行します。

229 行目は、match メソッドにて変数 body（Web ブラウザのリクエスト）から正規表現「accountid=(.+).name」が検索できるかの条件判断です。存在する場合、230 行目を実行します。

230 行目は、match メソッドにて変数 body から正規表現「accountid=(.+).name」で抽出した値をアカウント名として、フルパスで公開鍵ファイル名を作成して、ファイルが存在するか確認

します。ファイルが存在する場合、Response オブジェクトの「err_kizon」（191 〜 199 行目）を
呼び出します。

　公開鍵ファイルが存在しない場合には、233 〜 260 行目を実行します。

　233 行目は、変数 body から正規表現「accountid=(.+).name」で抽出した値を変数 accountid
にセットします。

```
235                         exec('node keycreate.js ' + 'nihon ' + accountid,
        function(error, stdout, stderr) {
236                         if (error !== null) {                              // コマ
        ンドのエラー処理
237                             console.log('exec error: ' + error)
238                             return
239                         }
240                         FileName = KEY_DIR + accountid + '@nihon.pub'
241                         pub_key = fs.readFileSync( FileName, {encoding: "utf-
        8"})
242                         pub_key = pub_key.replace(/\r?\n/g, "")
243                         if (body.match(/name=(.+)&kana/) !== null){    // FORM
        タグの名前を取得
244                             name = decodeURI(body.match(/name=(.+)&kana/)[1])
245                         }
246                         if (body.match(/kana=(.+)&adds/) !== null){    // FORM
        タグのかなを取得
247                             kana = decodeURI(body.match(/kana=(.+)&adds/)[1])
248                         }
249                         if (body.match(/adds=(.+)&tel/) !== null){     // FORM
        タグの住所を取得
250                             adds = decodeURI(body.match(/adds=(.+)&tel/)[1])
251                         }
252                         if (body.match(/tel=(.+)&bd/) !== null){       // FORM
        タグの電話を取得
253                             tel = body.match(/tel=(.+)&bd/)[1]
254                         }
255                         if (body.match(/bd=(.+)/) !== null){           // FORM
        タグの誕生日を取得
256                             bd = unescape(body.match(/bd=(.+)/)[1])
```

235 行目は、外部プロセスとして keycreate.js を実行します。パラメータとして「nihon 」と変数 accountid の内容を指定します。コールバックとして、236 ～ 257 行目を実行します。

236 ～ 239 行目は、エラー処理です。

240 ～ 242 行目は、キーファイルから公開鍵を抽出して変数 pub_key へセットします。

243 ～ 245 行目は、変数 body から「name=(.+)&kana」が抽出できる場合に変数 name へセットします。Web ブラウザが送信時に URL エンコード（無害化）するためデコードを実施します。

246 ～ 248 行目は、変数 body から「kana=(.+)&adds」が抽出できる場合に変数 kana へデコードしてセットします。

A

249 〜 251 行目は、変数 body から「adds=(.+)&tel」が抽出できる場合に変数 adds へデコードしてセットします。

　252 〜 254 行目は、変数 body から「tel=(.+)&bd」が抽出できる場合に変数 tel へセットします。

　255 〜 257 行目は、変数 body から「bd=(.+)」が抽出できる場合に変数 bd へエスケープ文字を除いてセットします。

```
257                             }
258                         Response['nyuukai']()                              // 入会
     処理を実施
259                     })
260                 }
261             } else {
262                 Response['topmenu']()                                      // Topメ
     ニューに戻る()
263             }
264             return
265         } else if (uri === '/zandaka1' || uri === '/zandaka2') {  // http://
     localhost:8080/zandaka1 および zandaka2
266             console.log(body)
267             if (body.match(/accountid=(.+)/) !== null){
268                 accountid = body.match(/accountid=(.+)/)[1]        // FORMタ
     グのアカウント名を取得
269                 // irohaへの登録
270                 COMMAND = ['node iroha01.js', accountid + '@nihon']
271                 COMMAND = COMMAND.join(' ')
272                 exec( COMMAND, function(error, stdout, stderr) {
273                     if (error !== null) {                          // コマンド
     のエラー処理
274                         console.log('exec error: ' + error)
275                         return
276                     }
277                     // 残高を抽出(改行が含まれるので注意)
278                     if (stdout.match(/prepay#nihon.*\n.*\n.*balance: '(.*)'/)
     !== null) {
```

258 行目は、Response オブジェクトの「nyuukai」(60 〜 97 行目)を呼び出します。

265 行目は、変数 uri の内容が「/zandaka1」または「/zandaka2」の場合に 266 〜 307 行目を
実行します。

A

```
279                          prepay = stdout.match(/prepay#nihon.*\n.*\n.*balance:
        '(.*)'/)[1]
280                     } else {
281                         prepay = 0
282                     }
283                     if (stdout.match(/ticket#nihon.*\n.*\n.*balance: '(.*)'/)
        !== null) {
284                         ticket = stdout.match(/ticket#nihon.*\n.*\n.*balance:
        '(.*)'/)[1]
285                     } else {
286                         ticket = 0
287                     }
288                     // エラーメッセージを採取
289                     if (stderr.match(/actual=ERROR_RESPONSE\nReason: {(.*)}/)
        !== null) {
290                         err_sysmsg = stderr.match(/actual=ERROR_RESPONSE\
        nReason: {(.*)}/)[1]
291                         err_aplmsg = 'ご指定のアカウントが見つかりません'
292                         console.log(err_sysmsg)
293                     }
294                     console.log(stdout)
295                     console.log('prepay/ticket', prepay, ticket)
296                     if (err_sysmsg !== '') {
297                         Response['err_message']()
298                     } else if (uri === '/zandaka1') {
299                         Response['zandaka1']()
300                     } else {
301                         Response['zandaka2']()
302                     }
303                 })
304             } else {
305                 Response['topmenu']()
306             }
307             return
```

229 〜 264 行目の会員登録リクエスト処理の流れは、下図のようになります。

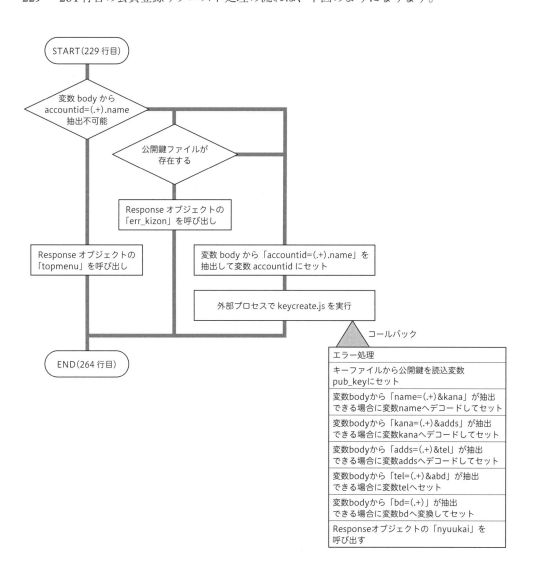

```
308            } else if (uri === '/charge') {  // http://localhost:8080/charge
309                console.log(body)
310                if (body.match(/accountid=(.+).prepay/) !== null){  // FORMタグの
       アカウント名を取得
311                    accountid = body.match(/accountid=(.+).prepay/)[1]
312                    if (body.match(/prepay=(.+)&ticket/) !== null){ // FORMタグの
       チャージを取得
313                        prepay = body.match(/prepay=(.+)&ticket/)[1]
314                    }
315                    if (body.match(/ticket=(.+)&total/) !== null){  // FORMタグの
       回数券を取得
316                        ticket = body.match(/ticket=(.+)&total/)[1]
317                    }
318                    if (body.match(/total=(.+)/) !== null){          // FORMタグの
       お支払現金を取得
319                        total = body.match(/total=(.+)/)[1]
320                    }
321                    FileName = KEY_DIR + accountid + '@nihon.priv'
322                    priv_key = fs.readFileSync( FileName, {encoding: "utf-8"})
323                    priv_key = priv_key.replace(/\r?\n/g, "")
324                    console.log('accountid/priv_key', accountid, priv_key)
325                    console.log('prepay/ticket/total', prepay, ticket, total)
326                    Response['charge']()
327                } else {
328                    Response['topmenu']()
329                }
330            return
```

308 行目は、変数 uri の内容が「/charge」の場合に 309 〜 330 行目を実行します。

```
331            } else if (uri === '/shiharai') {   // http://localhost:8080/shiharai
332                console.log(body)
333                if (body.match(/accountid=(.+).shisetsu=/) !== null){   // FORMタ
グのアカウント名を取得
334                    accountid = body.match(/accountid=(.+).shisetsu=/)[1]
335                    if (body.match(/shisetsu=(.+)&ninzu=/) !== null){    // FORMタ
グの利用施設を取得
336                        shisetsu = decodeURI(body.match(/shisetsu=(.+)&ninzu=/)
[1])
337                    }
338                    if (body.match(/ninzu=(.+)&usetime=/) !== null){     // FORMタ
グの人数を取得
339                        ninzu = body.match(/ninzu=(.+)&usetime=/)[1]
340                    }
341                    if (body.match(/usetime=(.+)&prepay_/) !== null){    // FORMタ
グの利用時間を取得
342                        usetime = body.match(/usetime=(.+)&prepay_/)[1]
343                    }
344                    if (body.match(/prepay=(.+)&ticket_/) !== null){     // FORMタ
グのチャージを取得
```

331 行目は、変数 uri の内容が「/shiharai」の場合に 332 ～ 363 行目を実行します。

```
345               prepay = body.match(/prepay=(.+)&ticket_/)[1]
346            }
347            if (body.match(/ticket=(.+)&total=/) !== null){      // FORMタ
グの回数券を取得
348                  ticket = body.match(/ticket=(.+)&total=/)[1]
349            }
350            if (body.match(/total=(.+)&button1=/) !== null){      // FORMタ
グのお支払現金を取得
351                  total = body.match(/total=(.+)&button1=/)[1]
352            }
353            FileName = KEY_DIR + accountid + '@nihon.priv'
354            priv_key = fs.readFileSync( FileName, {encoding: "utf-8"})
355            priv_key = priv_key.replace(/\r?\n/g,"")
356            console.log('accountid/priv_key', accountid, priv_key)
357            console.log('shisetu/ninzuu/usetime', shisetsu, ninzu,
usetime)
358            console.log('prepay/ticket/total', prepay, ticket, total)
359            Response['shiharai']()
360          } else {
361            Response['topmenu']()
362          }
363          return
364        } else {                               // URLに該当がない場合はtopmenu
を表示
365          Response['topmenu']()
366          return
367        }
368      })
```

365行目は、変数 uri の内容が何も該当しない場合に Response オブジェクトの「topmenu」
を呼び出します。

```
369        } else {
370            // URIで行う処理を分岐させる
371            if (uri === '/topmenu') {              // http://localhost:8080/topmenu
372                Response['topmenu']()
373                return
374            } else if (uri === '/kaiin_input') { // http://localhost:8080/kaiin_input
375                Response['kaiin_input']()
376                return
377            } else {                              // URLに該当がない場合はtopmenuを表
     示
378                Response['topmenu']()
379                return
380            }
381        }
382    })
383
384    // 8080ポートでコネクションの受け入れを開始する
385    server.listen(8080)
386    console.log('Server running at http://localhost:8080/')
```

369〜381 行目は、Web ブラウザからの HTTP リクエストが POST ではない場合に実行され
ます。

371 行目は、変数 uri の内容が「/topmenu」の場合に Response オブジェクトの「topmenu」
を呼び出します。

374 行目は、変数 uri の内容が「/kaiin_input」の場合に Response オブジェクトの「kaiin_
input」を呼び出します。

378 行目は、変数 uri の内容が何も該当しない場合に Response オブジェクトの「topmenu」
を呼び出します。

385 行目は、8080 ポートで Web ブラウザからのリクエストを待ちます。

386 行目は、標準出力（ターミナル）に「'Server running at http://localhost:8080/」を表示します。

A

参考文献

- Hyperledger Iroha ドキュメンテーション
  URL　https://iroha.readthedocs.io/ja/latest/

- Hyperledger
  URL　https://www.hyperledger.org/

- 仮想通貨の代表であるビットコインの仕組み（69-2）
  URL　https://www.nii.ac.jp/about/publication/today/69-2.html

- 「ビザンチン将軍問題」とは何か（69-4）
  URL　https://www.nii.ac.jp/about/publication/today/69-4.html

- 牧野友紀、宮崎英樹、中村誠吾、中越恭平：ブロックチェーンシステム設計、リックテレコム、ISBN9784865941159、2018

- 結城浩：暗号技術入門 第3版　秘密の国のアリス、SB クリエイティブ、ISBN9784797382228、2015

- Ethan Brown、武舎広幸、武舎るみ：初めての JavaScript ES2015 以降の最新ウェブ開発、O'Reilly、ISBN9784873117836、2017

※ URL は、本書執筆時点です。

✦ INDEX

■著者略歴

佐 藤　栄 一 （さとう　えいいち）

　大手銀行ホスト機のオペレーターを務めた後、第 2 次 AI ブームでは Lisp および Lotus 1-2-3 によるフィナンシャルアドバイザー向けシステム構築に参加。

　ダウンサイジングブームのさきがけとして、PC-LAN 導入からクライアントーサーバシステム開発までに従事。

　Java & Linux さらに LAMP（Linux/Apache/MySQL/PHP）の時代から Web システムに携わり、日経 BP 社サイトで「MySQL ウォッチ」の執筆を担当していた。

　プログラマー、インストラクター、セールスエンジニア、サポートエンジニアなど幅広い職種で ICT に関わる。

　インストラクター経験を生かして、入門から実践までプログラミング技術書を多数執筆している

●主な著書

VB.NET で作る Web ベーストトレーニングシステム

ASP.NET 実践プログラミング

VB ユーザーのための Delphi 6 プログラミング

XML on SQL Server 2000

IIS5ASP スクリプティングガイド

実用 SQL　SQL Server7/MSDE 対応

Access 2000 データベースデザイン

Visual Basic 6.0 データベースデザイン

IIS4 ASP スクリプティング

Visual Basic 5.0 データベースデザイン

Access 97 Web サイトデータベース

Access VBA プログラミング

Visual Basic 4.0 データベースデザイン

Access 実践プログラミング

Access スタンダードプログラミング

1-2-3 R2.3J 入門（スーパービギナーシリーズ）　以上、オーム社

■監修

コネクト株式会社（konekto Inc）

　2002 年に PHP オーソリティである Zend プロダクト日本総代理店として創業し、日本語化およびサポートを提供。

　2003 年に MySQL リセーラとして、サポートならびにライセンス販売を開始。さらに LAMP 環境でのシステム構築事業を行っていた。

　その後、Apache httpd、Tomcat、Cassandra、Hadoop、WildFly など各種オープンソースのサポートサービスを開始しており、PHP および MySQL と合わせて企業の IT 部門や SI 会社へのライセンス販売とサポートサービスを主な事業としている。

Hyperledger Iroha 入門
ブロックチェーンの導入と運営管理

2020 年 2 月 10 日　　　第 1 版第 1 刷発行

監　　修　コネクト株式会社
著　　者　佐 藤 栄 一
発 行 者　村 上 和 夫
発 行 所　株式会社 オーム社
　　　　　郵便番号　101-8460
　　　　　東京都千代田区神田錦町 3-1
　　　　　電話　03（3233）0641（代表）
　　　　　URL　https://www.ohmsha.co.jp/

© 佐藤栄一 2020

組版　トップスタジオ　　印刷・製本　三美印刷
ISBN978-4-274-22473-7　Printed in Japan

本書の感想募集　https://www.ohmsha.co.jp/kansou/
本書をお読みになった感想を上記サイトまでお寄せください。
お寄せいただいた方には、抽選でプレゼントを差し上げます。